Damals über Stuttgart

Harald Schukraft

Damals über Stuttgart

Innenstadt und Vororte in Luftbildern aus den zwanziger bis vierziger Jahren

Silberburg-Verlag

Fritz Graefe
in Dankbarkeit gewidmet

Bildnachweis:
Archiv Silberburg-Verlag, Stuttgart: 9, 18, 54, 70. – Bildarchiv Foto Marburg: 11, 17, 19, 21, 23, 25, 29, 31, 33, 35, 37, 39, 41, 47, 49, 51, 53, 55, 57, 61, 63, 67, 69, 71, 73, 77, 81, 85, 87, 89, 90, 91, 93, 95, 105, 107, 108 (beide), 109, 112, 113, 115. – Hauptstaatsarchiv Stuttgart (Vorlage und Aufnahme): 28, 43. – Landesbildstelle Württemberg, Stuttgart: 13, 14 (beide), 15 (Freigabe Nr. R. P. SWH 16/8448/1b/ P. 2231 v. 72), 16 (beide), 26, 27 (Freigabe Nr. R. P. SWH 16/8448/1b/P. 1885 v. 71), 32, 38, 40, 42, 44, 45, 56, 58, 59 (Freigabe Nr. R. P. SWH 16/8448/P. 1884 v. 71), 60, 62, 64, 65 (Freigabe Nr. R. P. SWH 16/8448/1b/1887 v. 71), 75 (Freigabe Nr. R. P. SWH 16/8448/1b/ P. 2242 v. 72), 76, 83, 88, 96, 97, 98, 99, 100, 101, 102, 103, 104, 114. – Gebr. Metz, Tübingen: 48 (Freigabe Nr. 103 199/9/68992, 66, 68. – Sammlung Wolfgang Kress, Stuttgart: 22, 92, 111, 116, 117. – Sammlung Harald Schukraft, Stuttgart: 12, 50, 84, 106. – Stadtarchiv Stuttgart: 10, 46, 72, 80, 94 (beide), 110.

CIP-Titelaufnahme der Deutschen Bibliothek:

Schukraft, Harald:
Damals über Stuttgart : Innenstadt u. Vororte in Luftbildern aus d. 20er bis 40er Jahren / Harald Schukraft. – Stuttgart : Siberburg-Verl., 1988
ISBN 3-925344-24-1

1. Auflage April 1988.

Reproduktionen: Offsetreproduktion Gerold Schmid, Stuttgart.
Satz: Fotosatz Hermann Weyhing GmbH, Stuttgart.
Druck und buchbinderische Verarbeitung: Clausen & Bosse, Leck. Printed in Germany.

ISBN 3-925344-24-1

Inhalt

8 Vorwort

Die Stuttgarter Altstadt, um 1938 10 Noch erkennbar: die Anfänge

Innenstadt, Sommer 1931 und Sommer 1972 12 Statt Giebelhäusern Blockbauweise

Rathaus, um 1942 16 Ein neu geschaffener Platz

Rathaus und Marktplatz, 1942 18 Neubau beim Charlottenplatz?

Stiftskirche und Schillerplatz, 1942 20 Schillerplatz ohne Schiller

Altes Schloß und Karlsplatz, um 1937 22 Nach dem Wiederaufbau erneute Zerstörung

Neues Schloß und Schloßplatz, um 1920 und 1971 24 Statt strenger Symmetrie jetzt aufgeregte Unordnung

Neues Schloß, um 1942 28 Aufwendig getarnt

Königsbau und Kronprinzenpalais, um 1942 30 Verkehrsplanern zum Opfer gefallen

Neckarstraße mit Hoher Carlsschule und Reithaus, um 1937 32 Schon damals eine »Kulturmeile«

Großes Haus und Obere Anlagen, um 1942 34 Landtag statt Konzerthaus

Marstall und untere Königstraße, um 1932 36 Gesichtslos und recht jung

Der alte Hauptbahnhof, Sommer 1923 38 21 Millionen Goldmark

Das neue Bahnhofsviertel, um 1938 40 Vom Bahnhof zum Kinopalast

Der neue Hauptbahnhof im Bau, 2. April 1918 42 Ein Bogen um die Kaserne

Das neue Bahnhofsviertel, Frühjahr 1927 44 Fundamentarbeiten für den Hindenburgbau

Friedrichsvorstadt und Innenstadt, Sommer 1934 46 Vornehme Gegend
Stadtgarten, Gewerbehalle und Garnisonskirche, um 1938 48 Einst See, heute Uni-Campus
Gewerbehalle, um 1940 50 Messeplatz und Lazarett
Skagerrakplatz und Garnisonskirche, um 1940 52 Großstadtplatz
Landesgewerbemuseum/Haus der Wirtschaft, um 1940 54 Muster aus dem Musterländle
»Reiche Vorstadt« und Innenstadt, um 1938 und 1971 56 Sechzig Grenzsteine
Alter Postplatz und Innenstadt, um 1920 60 Einst Zentrum des Reiseverkehrs
Tagblatt-Turm und Geißplatzviertel, um 1929 und 1971 62 Neue Sachlichkeit – und was daraus geworden ist
Silberburg-/Marienstraße und Rotebühlkaserne, um 1940 66 Wo Schiller seinen »Wallenstein« schrieb
Stuttgart-West, um 1933 68 In wenigen Jahrzehnten erbaut
Gutenberg- und Rotebühlstraße mit Feuersee, um 1942 70 Romantische Kirche im getarnten See
Blick von Westen auf die Innenstadt, 1926 und 1972 72 Der riesige Kasernenbau fällt heute kaum mehr auf
Heslach und der Hasenberg, um 1940 76 Die einstige Ruhe ist dahin
Heslach, um 1927 78 Die Heslacher wollten keine Karlsvorstädter sein
Marienhospital, um 1940 80 Dauerbaustelle
Karlshöhe und Marienplatz, 1927 82 Ohne »Akropolis«
Tübinger Straße, Paulinenstraße, Marienkirche, um 1940 84 Wo man früher den Nesenbach staute
Charlottenplatz, um 1937 86 Dem Straßenverkehr geopfert
Bau des Wagenburgtunnels, Sommer 1941 88 Riesiger Luftschutzstollen
Wagenburgschule, 1923; Raitelsbergsiedlung, 1929 90 Tradition und Moderne im Osten

Gänsheide, um 1930; »Im Geiger«, um 1935 92 Einfamilienhäuser für Herren und kleine Leute

Burgholzhof, um 1933 94 Ausflugsziel und Militärgelände

Cannstatt, von Nordwesten gesehen, um 1924 96 Keltische Ursprünge

Cannstatt mit Neckarvorstadt und Wilhelma, um 1924 98 »Vorzüglicher Schmuck des Flusses«

Blick von Cannstatt neckaraufwärts, um 1924 100 Am vorletzten Kriegstag gesprengt

Das Gaisburger Wehr und der Cannstatter Wasen, um 1924 102 Verlorene Idylle

Die Cannstatter Altstadt, um 1938 104 Vom Bad zum Krankenhaus

Sulzerrain mit Kursaal, um 1938 106 Heftig sprudelnde Quellen

Weißenhofsiedlung, 1938 108 Abriß verhindert

Kochenhof und »Rote Wand« beim Killesberg, um 1929 110 Die langsame Verstädterung

Neuwirtshaus, 1935; Zuffenhausen, um 1940 112 Bauten der dreißiger Jahre

Botnang, um 1930; »Friedenau« und Degerloch, um 1940 114 Straßenbahn vor der Haustür

Untertürkheim, um 1930; Obertürkheim, um 1928 116 Nur auf den ersten Blick wenig Veränderungen

118 Register

Vorwort

Wie kaum eine andere Bildgattung vermag die Luftbildfotografie Wesen und Struktur einer Stadt beziehungsweise einer Landschaft deutlich zu machen. Was auf dem Stadtplan abstrakt und zweidimensional erscheint, wirkt auf Luftbildern plastisch und durchschaubar. Sie sind oft von einer solchen Lebendigkeit, daß sie dem Betrachter Lust machen, in der Phantasie auf ihnen spazierenzugehen.

Die im vorliegenden Band zusammengestellten Luftaufnahmen stammen aus der Zeit zwischen 1918 und 1943. Sie zeigen das über Generationen allmählich gewachsene Stuttgarter Stadtbild vor seiner Zerstörung im Zweiten Weltkrieg. Um den Bezug zur Gegenwart herzustellen, wurde bei fünf Luftbildern der Innenstadt je ein Vergleichsbild aus ähnlicher Perspektive aus den frühen siebziger Jahren angefügt. Diese Aufnahmen zeigen die moderne Stadt – und doch machen die rund 15 Jahre Distanz deutlich, in welchem Maße sich das Stadtbild auch heute noch ständig verändert.

In den letzten Jahrzehnten wurde und wird manchmal noch immer in Unkenntnis des historischen Stadtgefüges Neues geplant und gebaut. Die heutige Unzufriedenheit mit Betonmonumenten wie beispielsweise dem Kleinen Schloßplatz oder dem Stadtautobahndurchbruch im Zuge von Konrad-Adenauer-Straße und Charlottenplatz, die zur Zeit ihrer Fertigstellung als »wegbereitend« gepriesen worden waren, macht die Fragwürdigkeit dieser vom Menschen losgelösten und auswechselbaren Architektur deutlich.

Die hier vorgelegten Luftbilder erlauben erstmals in dieser Gesamtheit einen Überblick über Stadtbild und -struktur Alt-Stuttgarts. Dabei stellt man verwundert fest, daß großflächige Neubauten in früheren Epochen, so der Bereich um das Neue Schloß, der Graf-Eberhard-Bau, ja sogar der Tagblatt-Turm, wenn nicht gerade eingebettet, so doch mit der Umgebung verknüpft waren, ohne dadurch in ihrer architektonischen Eigenständigkeit eingeschränkt oder behindert worden zu sein.

Nach dem Zweiten Weltkrieg fehlte diese »Verknüpfung« von Neuplanung und historischer Struktur zumeist. Gegenwärtig kann man jedoch allenthalben beobachten, daß sich eine neue Sensibilität entwickelt. Der Blick auf Alt-Stuttgart aus der Luft eröffnet in dieser Hinsicht neue Perspektiven, da er zur besseren Kenntnis der einst gewachsenen Struktur und damit indirekt zur Durchschaubarkeit des Gegenwärtigen beiträgt.

Die größte Anzahl der in diesem Band versammelten Luftaufnahmen stammt aus dem einstigen Berliner Archiv Albert Speers, das dieser in seiner Eigenschaft als Generalbauinspekteur zwischen 1943 und 1945 mit dem Ziel hat anlegen lassen, Unterlagen für die Umgestaltung von Städten beziehungsweise für den Wiederaufbau zur Verfügung zu haben. Bei Kriegsende brachte ein Mitarbeiter Speers die Materialien in den Harz, von wo sie auf verwandtschaftlichem Wege vor einigen Jahren in Kieler Privatbesitz gelangten. Selbst Fachleuten war die Existenz dieser Sammlung unbekannt. Erst seit gut einem halben Jahr sind die Aufnahmen über ein Bildarchiv zugänglich.

Die Luftbilder zeigen die Innenstädte von Stuttgart und Cannstatt mit deren Randbereichen sowie einzelne Vororte. Um einen möglichst großen Teil des heutigen Stadtgebietes in den Luftaufnahmen abzudecken, wurden die Speerschen Abbildungen sowohl durch Fotos des Hauptstaatsarchivs Stuttgart als auch durch Aufnahmen, die das Stuttgarter Stadterweiterungsamt zu Beginn der dreißiger Jahre herausgegeben hat, ergänzt. Die in den Text eingestreuten Bodenaufnahmen zeigen markante Punkte aus der üblichen Perspektive – Gebäude, Plätze und Anlagen, die so heute nicht mehr existieren.

Für die stets bereitwillige Hilfe bin ich dem Bildarchiv Foto Marburg, der Landesbildstelle Württemberg sowie dem Stadtarchiv Stuttgart sehr zu Dank verpflichtet. Herzlich danke ich auch Stephan Kinder, ohne den ich wohl kaum auf die Speersche Luftbildsammlung aufmerksam geworden wäre, sowie meinem Vater, der mir durch Verständnis und Geduld die Herausgabe dieses Buches erst ermöglichte.

Stuttgart, im März 1988 Harald Schukraft

Kriegsberg
Herd-Weg
Hölderlin-Str.
Lessing-Str.
Azenberg-Str.
Robert-Pfeiffer-Str.
Panorama-Str.
Haupt-Bhf.
Schloßgarten
Ludwigsburger-Str.
Neckar-Tor
Neckar-Str.
Kriegsberg-Str.
Kepler-Str.
Jäger-Str.
Kronen-Str.
Schiller-Str.
Techn. Hochsch.
Hoppenlau Friedh.
Rosenbg. Sch.
Seiden-Str.
Diakon. Anst.
Fabrik Robert Bosch
Hoppenlau-Str.
Charlottenhilfe
Falkert-Str.
Forst-Str.
Schloß-Str.
Friedrich-Str.
Königs-Str.
Landes-Theater
Neues Schloß
Schloß-Pl.
Akademie
Kunst Geb.
Markthalle
Dorotheen-Str.
Karls-Pl.
Markt-Pl.
Eberhard-Str.
Charlotten-Str.
Olga-Str.
Urban-Str.
Uhland-Str.
Gewerbe-Halle
Real-Gymn.
Militär-Str.
Silberburg-Str.
Kasernen-Str.
Olgastift
Gewerbe-Sch.
Große Infanterie-Kas.
Rotebühl-Str.
Johannes-Sch.
Johannes-K.
Feuer-See
Gutenberg-Str.
Herzog-Str.
Städt. Elektr. Werk
Orts-Krankenkasse
Schauspielhs.
Sophien-Str.
Paulinen-Str.
Tübinger-Str.
Hauptstätter-Str.
Wilhelms-Pl.
Katharinen-Str.
Leonhards-Pl.
Alexander-Str.
Blumen-Str.
Hohenheimer-Str.
Dobel-Str.
Sünden-Str.
Handels-Sch.
Marien-Str.
Karls-Gymn.
Marien-K.
Schloßer-Str.
Holzgarten-Str.
Kanzlei-Str.
Kasernen-Str.
Alte Post-Str.
Hospital-Str.
Lange-Str.
Rote-Str.
Calwer-Str.
Weber-Str.
Feuerwache
Eberh.-K.
Kunst-Sch.
Ulrich-Str.
Archiv-Str.
Gaisburg-Str.
Kanal-Str.
Rosen-Str.
Wagner-Str.
Katharinen-Hosp.

Die Stuttgarter Altstadt, um 1938

Noch erkennbar: die Anfänge

Siebenhundert Jahre Stadtgeschichte werden in dieser Luftaufnahme deutlich. Auf einen Blick überschaut der Betrachter die Stuttgarter Altstadt in der Mitte des Bildes mit den sie umgebenden Vorstädten.

Aus einer dörflichen Ursiedlung im unmittelbaren Umkreis der Stiftskirche entstand in der ersten Hälfte des 13. Jahrhunderts die erste ummauerte Stadtanlage. Der Verlauf jener ersten, sichernden Stadtmauer ist auf dem Luftbild und im Straßengefüge noch heute erkennbar. Er wird zum einen von der Eberhardstraße nachgezeichnet, die in einem Halbkreis am Tagblatt-Turm im Vordergrund vorbeiführt, und zum anderen von der schräg durchs Bild laufenden, schnurgeraden Königstraße. Einzig im Bereich des Alten Schlosses, das als oberer Endpunkt der ältesten Stadt die beiden Mauerstränge wieder zusammenführte, ist die genaue Lage der Befestigung nicht mehr zu erkennen.

Bereits nach hundert Jahren war diese Fläche mit Häusern bebaut, so daß sich im Laufe des 14. Jahrhunderts vor den drei Stadttoren kleine, ungeschützte Siedlungsspitzen bildeten. Eine erste geordnete Stadterweiterung erfolgte kurz vor 1400 zu beiden Seiten des Nesenbachs um eine ältere Leonhardskapelle. Wahrscheinlich hatte Graf Eberhard der Milde von Württemberg von einer Pragreise die Anregung zu der Stuttgarter Neustadt mitgebracht. Vergleiche legen die Vermutung nahe, daß die auf dem Bild rechts unten sichtbare breite Hauptstätter Straße, die als Straßenmarkt diente, nach dem Vorbild des Wenzelsplatzes in Prag angelegt worden ist. Sie hat wie das Prager Beispiel ebenfalls ein Seitenverhältnis 11:1, nur um jeweils zwei Drittel verkürzt.

Die Stadterweiterung, »Leonhardsvorstadt«, später »Esslinger Vorstadt« genannt, wurde durch eine neue Stadtmauer begrenzt. Sie begann beim Tagblatt-Turm und setzte sich im Zuge der Torstraße (am unteren Bildrand) fort. Ihr Ende lag auf dem Grundstück des Hotels Silber (oberhalb des hell glänzenden Breuninger-Hochhauses). Die übrigen Abschnitte befanden sich außerhalb des Bildausschnitts.

Die zweite Vorstadt entstand dann in der zweiten Hälfte des 15. Jahrhunderts auf dem leicht ansteigenden Gelände jenseits der Königstraße (im linken Bildbereich).

Als letzter ummauerter Bezirk kam im 16. Jahrhundert noch der Bereich des herzoglichen Lustgartens hinzu. Er lag – im Bild rechts oben sichtbar – zwischen dem Alten Schloß und der Schillerstraße beim Hauptbahnhof.

Obwohl sich die Baustruktur inzwischen völlig verändert hat, kann man die Entwicklung des Stuttgarter Stadtgrundrisses immer noch an Hand der Straßenverläufe erkennen.

Die Hauptstätter Straße, vom Leonhardsplatz aus gesehen, um 1920.

Innenstadt, Sommer 1931 und Sommer 1972

Statt Giebelhäusern Blockbauweise

Der Vergleich zweier Luftbilder, zwischen deren Entstehungsdaten etwas mehr als vierzig Jahre liegen, macht deutlich, wie grundlegend sich das Erscheinungsbild von Einzelgebäuden innerhalb des Stadtbildes ändern kann.

In der über Jahrhunderte von Giebelhäusern geprägten Innenstadt fallen nicht einmal die Stiftskirche und das Alte Schloß sofort ins Auge. Der moderne und eine andere Baugesinnung verkörpernde Hochhausbau der Firma Breuninger jedoch wirkt optisch als Fremdkörper, vor allem durch seine Blockhaftigkeit und die glatte Fassade.

Vier Jahrzehnte später ist der Eindruck gerade umgekehrt. Nun herrschen Einzelbaublöcke vor, und man könnte fast Stiftskirche und Altes Schloß ihrerseits als störend in der modernen Einheitlichkeit empfinden.

Der Hauptgrund für diese grundsätzlich verschiedenen Eindrücke beider Bilder liegt nicht so sehr in der anderen Maßstäblichkeit der Bauten, sondern vor allem in deren Dachformen. Stellt man sich den Baukörper der Leonhardskirche mit glatter Fassade und Flachdach vor, dann wird offensichtlich, daß »Maßstäblichkeit« nicht vorrangig mit der Baumasse, sondern vielmehr mit den Bauformen zu tun hat.

Zwischen Leonhardskirche und Breuninger-Hochhaus erkennt man den Leonhardsplatz. Vergleicht man die Stelle mit der Luftaufnahme aus den siebziger Jahren (wo der entsprechende Straßenraum allerdings nur zum Teil zu sehen ist), dann wird einem klar, warum der Leonhardsplatz heute viel weniger tief als früher im Bewußtsein der Bevölkerung verankert ist: Es handelt sich jetzt eigentlich gar nicht mehr um einen Platz; der Eindruck eines geschlossenen Raumes kann heute nicht mehr entstehen.

Die Kirchstraße mit Stiftskirche, 1910

Die lange Reihe von Giebelhäusern, die sich auf der historischen Abbildung zur linken unteren Ecke zieht, ist die nordwestliche Front der Hauptstätter Straße. Noch 1972 war das Gelände mit Nachkriegsprovisorien übersät, den »Vereinigten Hüttenwerken«, in denen das Nachtleben blühte. An dieser Stelle erheben sich heute die Baublöcke des Schwabenzentrums. Vor dem gedanklichen Auge sei es jedermann gestattet, als Alternative zur tatsächlichen Bebauung sich Häuser vorzustellen, wie sie jüngst im Bohnenviertel entstanden sind.

Die Stuttgarter Altstadt des 13. Jahrhunderts war am linken Rand des Breuninger-Hochhauses zu Ende. Etwa an dieser Stelle stand lange das sogenannte Innere Esslinger Tor. Unmittelbar davor floß in sumpfigen Wiesen der Nesenbach dahin. Sein Verlauf hat sich bis heute nur unwesentlich geändert, allerdings ist er seit dem Ende des vergangenen Jahrhunderts in den Untergrund verbannt. Auf der alten Abbildung ist sein überwölbtes Bett von der linken unteren Bildecke in einem flachen Bogen unter dem Breuninger-Hochhaus hindurch zur rechten oberen Ecke zu denken.

Nach der Anlage der neuen Vorstadt zu beiden Seiten des Wasserlaufs seit der Zeit um 1400 nahm der Verkehr seinen Weg aus der Kernstadt vom Inneren Esslinger Tor über den Leonhardsplatz durch die zum rechten mittleren Bildrand führende Esslinger Straße zum sogenannten Äußeren Esslinger Tor beim heutigen Schwabenbräu-Hochhaus. Auch in der Esslinger Straße sucht man jetzt vergeblich nach Spuren der Vergangenheit.

Obwohl der Marktplatz nach dem Zweiten Weltkrieg im wesentlichen auf den alten

Grundrissen wiedererstanden ist, hat sich der Charakter durch die neue Dachgestalt völlig verändert. Wer beide Luftbilder genau vergleicht, stellt fest, daß auf der nördlichen (hier rechten) Platzseite die Hausbreiten gleich geblieben sind, ja manche der Gebäude sogar die Geschoßvorsprünge der Fachwerkgiebelhäuser nachahmen. Vielleicht kommt in fernerer Zukunft einmal die Zeit, wo die Marktplatzbebauung als ein etwas übereilt errichtetes Provisorium betrachtet und einer der Bedeutung des Platzes angemessenen optischen Veränderung unterzogen werden wird.

Als der Maler Reinhold Nägele, der 1939 nach England und später nach Amerika emigrierte, 1952 erstmals das neue Stuttgart wiedersah, sagte er: »... Die Ruinen gleich nach dem Bombenhagel müssen noch eher ein Gesicht gehabt haben als dieses aufgeräumte Chaos... Der Marktplatz? Furchtbar! Wenn ich nur lachen könnte über die Konditorenschachteln, die man da hingestellt hat. Es ist auch nicht zum Weinen, es ist zum – Krankwerden!«

Im Zweiten Weltkrieg sind vor allem die Fachwerkhäuser vernichtet worden; von massiven Steinbauten blieben wenigstens die Außenmauern stehen. Am widerstandsfähigsten waren die Betonbauten, die meist später wiederaufgebaut werden konnten.

Kaum jemand weiß, daß sich hinter der Lamellenfassade des Breuninger-Hochhauses noch immer der alte Baukörper von 1930 verbirgt. Zwar ist auch er im Krieg ausgebrannt, jedoch bald darauf wiedererstanden. Erst später hat man in der Absicht, eine moderne Fassade zu bekommen, den Bau in der heutigen Form verkleidet. Es wäre sicher ein Gewinn für Stuttgart, wenn eines schönen Tags dieser seit dem Abbruch des Kaufhauses Schocken älteste erhaltene Warenhausbau der Stadt sein ursprüngliches Äußeres zurückerhalten würde.

Links: Die Karlstraße, 1933. – Rechts: Das Breuninger-Hochhaus am Leonhardsplatz kurz vor der Fertigstellung.

Rathaus, um 1942

Ein neu geschaffener Platz

Die hygienischen Verhältnisse in der Altstadt waren früher nicht gerade die besten. Ein erster Versuch, hier Abhilfe zu schaffen, war die auf Eduard Pfeiffer zurückgehende Sanierung des Viertels bei der Geißstraße im ersten Jahrzehnt unseres Jahrhunderts.

In älteren Zeiten hatten die immer wieder ausbrechenden Brände – so katastrophal sie für den einzelnen Betroffenen auch gewesen sein mochten – manchmal zur Verbesserung des Wohnumfeldes beigetragen, da die Neubauten moderner und meist großzügiger errichtet wurden. In Stuttgart haben zum Beispiel im Jahr 1761 in einer Nacht 123 Familien ihre Behausung verloren, als beim sogenannten Hirschgassenbrand 41 Gebäude in Flammen aufgingen. Auf dem Luftbild erkennt man links oberhalb vom hinteren Rathausflügel, an der Kreuzung Neue Brücke/Hirschstraße, das damals vernichtete Gebiet. Es fällt vor allem durch die andere Dachform der dort stehenden Häuser auf: Statt einzelner, mit dem Giebel zur

Die Situation 1933.

Straße stehender Häuschen findet man hier traufständige und ohne Zwischenraum aneinanderstoßende Gebäude.

Unter dem Motto »Altstadtsanierung« stand auch der Abbruch von sechs alten Häusern an der hinter dem Rathaus gelegenen Küferstraße. Von November 1935 bis Mai 1937 dauerten die Abrißarbeiten. Ziel des Kahlschlags war jedoch nicht die Schaffung besserer Wohnbedingungen, sondern die Regulierung der Straßenverhältnisse. Vor allem wollte man die Nadlerstraße gerade auf die Neue Brücke zuführen und zudem noch Raum für neue Parkplätze und für den Wochenmarkt gewinnen.

Nach Kriegsbeginn baute man unter diesem Platz wie unter dem Marktplatz Tiefbunker. Deutlich sieht man auf dem Luftbild die Eingänge. Einer davon wird derzeit als Zugang zu einer öffentlichen Toilette genutzt.

Beim Wiederaufbau nach dem Krieg hat man den damals mit dem Abriß der Häuser gewonnenen Freiraum beibehalten, einen Namen jedoch hat der kleine Platz bis heute nicht.

Die fünf Giebelhäuschen an der Küferstraße im Jahre 1927.

Rathaus und Marktplatz, 1942

Neubau beim Charlottenplatz?

Erst aus der Luft wird deutlich, welch überdimensionalen Baukörper das Rathaus innerhalb der Altstadtbebauung darstellte.

Gleichzeitig versteht man, warum es bei der 30 Jahre dauernden Standortdiskussion nicht wenige Stimmen gab, die den Bau des neuen Rathauses lieber außerhalb der winkeligen Altstadt, beispielsweise auf dem Gelände des Alten Waisenhauses beim Charlottenplatz oder beim heutigen Wilhelmsbau gesehen hätten. Während die einen meinten, aus Pietät vor dem über 400 Jahre alten bisherigen Rathaus, das man nicht einfach abreißen könne, einen anderen Platz favorisieren zu müssen, machten sich vor allem die Inhaber von Geschäften in der Altstadt für den Neubau am alten Standort stark. Sie sahen ohne das Rathaus die völlige Verödung der Marktplatzgegend voraus und befürchteten existenzgefährdende Umsatzeinbußen.

Insgesamt fielen der Marktplatzlösung 20 Häuser und eine Gasse zum Opfer, quasi ein ganzes Altstadtviertel. Nach den Plänen der Berliner Architekten Heinrich Jassoy und Johannes Vollmer begannen die Bauarbeiten zunächst auf der Rückseite, da die Stadtverwaltung inzwischen im Altbau weiterarbeiten mußte. Im Herbst 1901 war dieser Bauteil soweit fertig, daß die Büros umziehen konnten. Daraufhin wurde das alte Rathaus von 1456 abgerissen und bis 1905 der Gesamtkomplex vollendet.

Nicht einmal vierzig Jahre lang wurde darin über das Schicksal der Stadt zu Rate gesessen, dann beschädigten Bomben den Bau schwer. Im Vergleich mit der nahezu dem Erdboden gleich gemachten Umgebung war das Rathaus allerdings noch glimpflich weggekommen. Sofort begann man mit dem Wiederausbau des rückwärtigen Teils, während der Marktplatzflügel ausgebrannt stehenblieb. Wie durch ein Wunder war der Turm völlig unversehrt geblieben und ragte nun wie ein mahnender Finger aus der wüsten Nachbarschaft.

Nachdem alle Giebelhäuser am Marktplatz vernichtet waren und der Gemeinderat einen Wiederaufbau in alten Formen ablehnte, hielt man ein altertümliches Rathaus in moderner Umgebung für untragbar.

Was nur die wenigsten wissen: Nur die Seitenteile des Vorderflügels sind daraufhin abgerissen worden, der Turm wurde belassen. Allerdings nahm man ihm den Helm ab und versteckte ihn hinter der einheitlichen Fassade des Nachkriegsbaus. Aus dem Dachkupfer der 1954 abgetragenen Turmspitze wurden zwei Jahre später die Gedenkmedaillen zur Einweihung des Neubaus geprägt. Auch für den Tiefbunker unter dem Marktplatz, dessen Eingänge man auf dem Luftbild sieht, fand sich damals eine neue Verwendung: Es wurde zu einem bescheidenen unterirdischen Hotel umgebaut.

Das Rathaus von 1456 war nur wenig größer als die umliegenden Bürgerhäuser.

Stiftskirche und Schillerplatz, 1942

Schillerplatz ohne Schiller

Die Stiftskirche in der Mitte des Fotos und das Alte Schloß am linken unteren Bildrand stellen nicht nur das Zentrum Alt-Stuttgarts dar, sondern das des ganzen Landes Württemberg. Über mehrere Jahrhunderte hin waren diese beiden Gebäude die wichtigsten im Leben und im Tod der Grafen und Herzöge: Das Schloß war der Wohnsitz, die Kirche die Grablege der Landesherren.

Lange vor der Übernahme der Stadtherrschaft durch die Württemberger lag hier in unmittelbarer Nähe zur Stiftskirche die Keimzelle Stuttgarts, das Stuthaus. Aller Wahrscheinlichkeit geht die Stadt auf die Zeit um das Jahr 950 zurück, als entweder Herzog Hermann I. von Schwaben oder dessen Schwiegersohn und Nachfolger Liudolf in den Nesenbach-Auen ein Gestüt anlegte und ein festes Haus erbaute, aus dem dann das später als Stuthaus bezeichnete Gebäude hervorging. Es ist auf der Abbildung in der Häuserzeile rechts von der Stiftskirche als zweites Haus von oben zu finden und lag bis zur Zerstörung im Zweiten Weltkrieg an der engen Gasse, die jetzt den Namen »Am Fruchtkasten« trägt.

Der verhältnismäßig großzügig angelegte Schillerplatz steht in einem gewissen Gegensatz zu der dichten Altstadtbebauung links oben. Doch das war nicht immer so: Wir wissen, daß vor der Anlage des Platzes durch Heinrich Schickhardt um 1590 auch hier eine ganze Anzahl kleiner Giebelhäuser dicht gedrängt beieinanderstanden. Der Chronist Johann Jakob Gabelkhover berichtet, es seien »darunder vil liederliche, hailose unnd unansehenliche gewesen«.

So wird verständlich, daß Herzog Friedrich I. hier Abhilfe schaffen wollte und seinen Architekten mit der Ordnung der Verhältnisse im Zeitgeschmack beauftragt hat. Damals wurde der herzogliche Fruchtkasten neben der Stiftskirche um etwa fünf Meter verkürzt und damit in eine Achse mit dem Chor der Kirche gerückt. Auch der Keller des Prinzenbaus auf der rechten Seite des Platzes ist in jener Zeit entstanden. Die Ausführung der Obergeschosse verzögerte der unerwartete Tod Herzog Friedrichs I. im Jahre 1608 und der bevorstehende Dreißigjährige Krieg bis in die zweite Hälfte des Jahrhunderts.

Der noch immer bei Fußgängern beliebte Kanzleibogen zwischen dem Schillerplatz und der Königstraße geht auf eines der drei bereits im 13. Jahrhundert angelegten Stadttore, das sogenannte »Tunzhofer Tor«, zurück. Der gesamte Waren- und Personenverkehr in nördlicher Richtung führte einst vom Marktplatz durch die Kirchstraße und an der Stiftskirche vorbei zu diesem Tor – eine Situation, die heute kaum mehr vorstellbar ist.

Oberhalb des Alten Schlosses sieht man links einen Teil der Markthalle und rechts den stattlichen Fachwerkbau des einstmals vornehmsten Gasthofs der Stadt, des »König von England«. Zwischen beiden erkennt man in Richtung Marktplatz ein verhältnismäßig hochgiebliges Haus, die »Kleine herrschaftliche Kelter« an der Engen Straße. Wegen seiner kunstvollen Fachwerkkonstruktion galt es als einer der wertvollsten und historisch interessantesten Profanbauten der Stadt. Das Gebäude stammte noch aus der ersten Hälfte des 15. Jahrhunderts und überragte mit seinen 28 Metern Höhe alle Bürgerhäuser.

Die im Vergleich zur unregelmäßig entstandenen Altstadt geradezu modern anmutende Strenge der Königstraße (rechts im Bild) geht im Grund ebenfalls auf das 13. Jahrhundert zurück. Die älteste Stadtmauer verlief damals auf dem Gelände des Prinzenbaus zur Rückseite des Stuthauses und weiter nach oben zur heutigen Schmalen Straße. Nach der Gründung der Oberen Vorstadt (um die Hospitalkirche) in der zweiten Hälfte des 15. Jahrhunderts wurde die Königstraße entlang der überflüssig gewordenen Innenstadtbefestigung angelegt.

Auf der Abbildung erweckt die kriegsbedingte Autofreiheit den Anschein, schon damals sei die Innenstadt Stuttgarts zur Fußgängerzone erklärt gewesen.

Wer das Bild genau betrachtet, merkt, daß das Schillerdenkmal auf seinem Sockel fehlt. Um das Kunstwerk vor der Zerstörung bei Luftangriffen zu schützen, hatte man es am 19. Juni 1942 in den Wagenburgtunnel ausgelagert. Als es am 10. November 1945 auf seinen angestammten Platz zurückkehrte, hatte sich die Umgebung grauenvoll verwandelt: Alles lag in Schutt und Asche.

Altes Schloß und Karlsplatz, um 1937

Nach dem Wiederaufbau erneute Zerstörung

Der Vordergrund des Bildes läßt sich in zwei Bereiche unterteilen: in die dichtbebaute Bürgerstadt auf der linken Seite und das weiträumig angelegte, durchgrünte Residenzviertel.

Rechts unten sieht man das unregelmäßig viereckige Alte Waisenhaus. Der Name der Holzstraße erinnert daran, daß sich hier, unmittelbar vor der Stadtmauer, früher ein Holzlagerplatz befunden hatte. Als man zu

Für das Dach des Dürnitzbaus waren vor dem Brand im Jahre 1931 die vielen Schornsteine charakteristisch.

Beginn des 18. Jahrhunderts das zunächst als Kaserne gedachte Waisenhaus baute, verlegte man den »Holzgarten« in die Gegend der noch heute nach ihm benannten Straße bei der Liederhalle.

Nachdem 1922 die Waisenkinder nach Ellwangen/Jagst umgesiedelt worden waren, baute Paul Schmitthenner das Gebäude für die Bedürfnisse des »Deutschen Auslandsinstituts« grundlegend um, wobei außer den Umfassungsmauern nichts von der alten Bausubstanz übernommen wurde. Ein Vergleich mit der Abbildung auf Seite 25 zeigt die Veränderung im Erscheinungsbild. Dort erkennt man auch den Karlsplatz in einer anderen Form. War um 1920 das Kaiser-Wilhelm-Denkmal noch von einer Grünanlage mit sternförmigem Wegesystem umgeben, so sehen wir den Platz hier, gut 15 Jahre später, durchweg gepflastert als Freiraum für Märkte und Kundgebungen.

Seit dem ausgehenden 14. Jahrhundert hatte sich an dieser Stelle im Vorfeld des Alten Schlosses der Lustgarten der jeweiligen Gräfin beziehungsweise Herzogin von Württemberg befunden. Erst Herzog Carl Eugen, dessen Namen der Platz trägt, ließ ihn 1775 zu einer öffentlichen Anlage umgestalten. Heute findet hier jeden Samstag ein Flohmarkt statt.

Dem Alten Schloß brachten schließlich die dreißiger Jahre tiefgreifende Veränderungen. Am 21. Dezember 1931 war innerhalb von wenigen Stunden der älteste Bauteil, die noch aus dem 14. Jahrhundert stammende Dürnitz am Karlsplatz, fast vollkommen ausgebrannt. Erst am 28. Dezember waren alle Brandherde gelöscht, und man konnte einen Überblick über das Ausmaß der Zerstörung gewinnen. Bald setzten umfangreiche Diskussionen über den Wiederaufbau ein. Am 3. Februar 1933 beauftragte das württembergische Finanzministerium Paul Schmitthenner mit der Ausarbeitung der Pläne. Schon im September des folgenden Jahres konnte Richtfest gefeiert werden, und bis 1937 war das Äußere fertiggestellt. Bereits beim Umbau des Alten Waisenhauses hatte Schmitthenner markante Dachgauben eingesetzt; ihre Form griff er am Dach des Alten Schlosses wieder auf. Die Architekturdetails der neuen Dürnitzfassade waren in ihrem Aussehen so weit vom früheren Zustand entfernt, daß viele – Laien wie Sachverständige – fast glücklich waren, als am 26. Juli 1944 ein Bombenangriff diesen gerade im Innern vollendeten Bauteil erneut vernichtete. Einzig die Schloßkirche war sowohl beim Brand 1931 als auch im Zweiten Weltkrieg wie durch ein Wunder verschont geblieben.

Zunächst baute man bis 1958 die Arkadenflügel für das Württembergische Landesmuseum wieder auf. Auch diesmal war es Schmitthenner, der für die Pläne verantwortlich zeichnete. Die Ruine des Dürnitzbaus blieb dagegen noch länger dem Stadtbild erhalten. Erst in den sechziger Jahren wurde dieser letzte Teil als völliger Neubau in zurückhaltenden Einzelformen zwischen die beiden Rundtürme eingebaut.

Neues Schloß und Schloßplatz, um 1920 und im Sommer 1971

Statt strenger Symmetrie jetzt aufgeregte Unordnung

Erst die Gegenüberstellung zweier Luftbilder aus der Zeit um 1920 und von 1971 vermag einen Eindruck von den tiefgreifenden Veränderungen der Struktur im Residenzviertel zu vermitteln.

Während auf der alten Abbildung die strenge Symmetrie und die optische Bezogenheit der Gebäude und Parkanlagen zueinander auffällt, erscheint das heutige Stadtbild eher in aufgeregter Unordnung. Nur der Schloßplatz mit seinem axialen Wegesystem hat das historische Bild bewahrt.

Die in der Mitte des Vorkriegsbildes zwischen Altem und Neuem Schloß verlaufende Planie geht in dieser Form auf die siebziger Jahre des 18. Jahrhunderts zurück. Damals hat Herzog Carl Eugen die Gräben um das Alte Schloß zuschütten und die künftige Straßenfläche anlegen lassen. Dazu mußten einige noch vom ehemaligen Fürstlichen Lustgarten herrührende Gebäude und Einfassungsmauern beseitigt, das heißt »planiert« werden. Von der Solitude heruntergeschaffte Kastanienbäume wurden in vier Reihen gepflanzt, wodurch die neue Planie den Eindruck einer eleganten Promenade machte. Diesen Charakter hat sie bis zum Zweiten Weltkrieg bewahrt. Die beiden Endpunkte der Planie – das Wilhelmspalais auf der einen und das Kronprinzenpalais auf der anderen Seite – stammten aus dem zweiten Viertel des 19. Jahrhunderts und hatten ebenso repräsentative ältere Vorgängerbauten.

Die sechziger Jahre unseres Jahrhunderts brachten schließlich die umwälzendsten Veränderungen. Das Kronprinzenpalais wurde für einen inzwischen überflüssig gewordenen Straßendurchbruch abgerissen. Der niedrig gebaute Kleine Schloßplatz konnte von Anfang an kein ernstzunehmender Ersatz für das Verlorene sein.

Wie sich die neuesten Planungen an dieser Stelle nach ihrer Verwirklichung im Stadtbild ausnehmen werden, darf wohl mit Spannung erwartet werden.

In jener Zeit der großen Umgestaltung fielen auch die letzten Kastanienbäume der Axt zum Opfer, ohne daß ein entsprechender Ersatz gepflanzt worden wäre. Von nun an wirkte die Planie zumindest im unteren Abschnitt wie ein Teil des Schloßplatzes; ihre Eigenständigkeit als Straße hatte zumindest optisch aufgehört. Dazu kam die Tatsache, daß die beiden Tunnelrampen zwischen Neuem Schloß und Karlsplatz die Straßenfläche selbst auflösten. Das einst als Endpunkt der Planie erbaute Wilhelmspalais wurde zwar im Äußeren in den alten Formen wiederhergestellt; durch das Fahrbahngeflecht am Charlottenplatz steht es heute jedoch nicht mehr in Beziehung zu den Überresten der Planie, sondern scheint allein auf die »Kulturmeile« Konrad-Adenauer-Straße ausgerichtet zu sein.

Auf der Abbildung von 1971 steht das Neue Schloß abgehoben von der Umgebung, gleichsam als Insel, in der modernen Stadtlandschaft. Wie anders trat der Bau um 1920 in Erscheinung! Sein Rückgrat war die kurz vor ihm angelegte Hohe Carlsschule, die als große Vierflügelanlage hinter dem Schloß zu sehen ist. Heute steht dort nur noch der Brunnen, der übrige Raum bis zur Stadtautobahn ist grüne Wiese. Die seit kurzem ins Gespräch gebrachten Neubaupläne zwischen Schloß und Straße (Seite 86) sind vielversprechend und wären wohl in der Lage, dem Neuen Schloß wieder optischen Halt im Stadtgefüge zu geben.

Der ganz links im Bild sichtbare ovale Theatersee ging noch auf die Gartenplanung des königlichen Hofbaumeisters Nikolaus Friedrich von Thouret aus dem Anfang des 19. Jahrhunderts zurück. Ursprünglich zog sich vom See zum Schloß ein breiter Kanal hin, an dessen Ende Danneckers Nymphengruppe (eine Neuanfertigung ist heute vor Schloß Rosenstein zu sehen) stand. Durch die Zuschüttung des Kanals im Jahre 1839 wurde die seither »Epaulettensee« (nach der Form der militärischen Schulterstücke) genannte Wasserfläche auf den ovalen See reduziert und auf dem neugewonnenen Gelände der Rosengarten als königlicher Privatpark angelegt. Diese strenge optische Ausrichtung des Schloßgartens auf das Neue Schloß setzte sich in einzelnen Etappen bis zum Schloß Rosenstein fort. Von alledem ist heute nur noch die eindrucksvolle, riesige Platanenallee zwischen Cannstatter Straße und Rosenstein übrig.

Als zu Beginn unseres Jahrhunderts Max Littmann die Neubauten der Königlichen

Hoftheater plante, nahm er bewußt Rücksicht auf die alte Parkstruktur, ja er fügte seine Bauten behutsam in das Überkommene ein. Das Große Haus richtete er exakt auf die Längsachse des ovalen Sees aus und nahm dessen Rundung in der Theaterfassade wieder auf. Er stellte so im rechten Winkel eine Beziehung zum Neuen Schloß und in übertragenem Sinn zum Auftraggeber König Wilhelm II. her.

Diese »Verknüpfung« besteht heute nicht mehr, denn die um 1960 gegen heftige Widerstände aus der Bevölkerung durchgeführte Umgestaltung der Schloßgartenanlagen haben das Große Haus ins Abseits gerückt. Der neue Eckensee stellte nun eine Beziehung zum ebenfalls modernen, eckigen Kleinen Haus her. Das Vorfeld der unregelmäßigen Wasserfläche, der einst kleinteilige regelmäßige Rosengarten, wurde in der Art eines Schachbrettmusters zu einem Erholungsraum im Zeitgeschmack umgestaltet.

Erst in jüngster Zeit wurden Stimmen laut, die eine Wiederherstellung des alten Zustandes befürworten, zumal die Bezugspunkte Neues Schloß und Großes Haus nach wie vor erhalten sind.

Eindrückliche Beispiele für den Formenwandel öffentlicher Gebäude sind die hinter der Hohen Carlsschule gelegenen Bauten. Rechts an der Neckarstraße (heute Konrad-Adenauer-Straße) unmittelbar neben dem Wilhelmspalais erkennt man das bis 1826 errichtete klassizistische Staatsarchiv, links daneben die mächtige alte Landesbibliothek von 1883 und gleich dahinter das noch um vier Jahre ältere Justizgebäude. Alle drei Institutionen erhielten am alten Platz moderne Neubauten, deren äußere Gestaltungsformen jedoch eine andere Sprache sprechen. Jedem Betrachter sei eine Wertung selbst überlassen.

Der im Zweiten Weltkrieg ausgebrannte Altbau der Landesbibliothek diente, notdürftig wiederhergestellt, bis 1970 als Provisorium. Dann baute man hier eine Tiefgarage. Ihre Baustelle ist auf dem neueren Luftbild zu sehen.

Weitere drei Beobachtungen zum Schluß: Der Karlsplatz zeigt auf dem alten Bild noch sein »grünes« Gesicht in Form von Rasenflächen zwischen einem geometrischen Wegesystem. Erst im Frühjahr 1928 wurde diese Gestalt zugunsten einer einheitlichen Pflasterung aufgegeben.

Das unregelmäßig viereckige Waisenhaus zwischen Karlsplatz und Charlottenplatz ist noch in der historischen Form des 18. Jahrhunderts zu sehen. Gleich nach dem Umzug der Waisenkinder nach Ellwangen im Jahre 1923 baute Paul Schmitthenner das Gebäude tiefgreifend um, so daß nur noch Teile der Außenmauern aus der Barockzeit stammen. Beide Veränderungen sind auf dem Luftbild auf Seite 57 zu verfolgen.

Schließlich ist in der Mitte am unteren Bildrand ein auffälliger, runder Bau zu sehen. Es handelt sich dabei um den 1819 in der Kronprinzstraße errichteten Plenarsaal des Landtags. Der nach der Form seines Grundrisses und des Oberlichts so benannte Halbmondsaal war von einzigartiger klassizistischer Schönheit. Im Zweiten Weltkrieg wurde er, wie auch die Nebengebäude, völlig zerstört. Heute gähnt dort ein Loch in der Straße – die Einfahrt zur Tiefgarage Kronprinzstraße/Landesgirokasse.

Neues Schloß, um 1942

Aufwendig getarnt

Kaum eine andere Gegend in Stuttgart war während des Krieges so aufwendig getarnt wie der Bereich um das Neue Schloß. Nicht nur, daß der Theatersee abgedeckt und das Wegesystem des Schloßplatzes dunkel gefärbt wurde, ist hier das Bemerkenswerte. Auch die große helle Fläche des Schloßhofes hätte für feindliche Piloten einen Orientierungspunkt abgeben können. Sie wurde deshalb phantasievoll in eine kleinräumige Landschaft verwandelt. Eine größere Anzahl von unterschiedlichen Zeltformen sollte Buschwerk und Sträucher vortäuschen; niedrige, mit Planen bedeckte Rechtecke waren als Hausattrappen gedacht. Dazuhin wurde die lange, einheitliche Schloßfassade mit dunklen Tarnnetzen unterbrochen und dadurch in ihrer Fernwirkung verändert. Auch die optisch besonders hervorstechende vergoldete Königskrone verschwand mitsamt der Schloßkuppel unter Tarnvorhängen. Gleiches geschah mit dem goldenen Hirsch auf der Dachkuppel des benachbarten Kunstgebäudes.

Tatsächlich überstand der Kuppelbau des Kunstgebäudes als einziger hier sichtbarer Bauteil die Zerstörungen unversehrt, während ringsum alles in Schutt und Asche fiel.

Daß das Neue Schloß und das Kunstgebäude auch heute noch den Schloßplatz begrenzen, kommt beinahe einem kleinen Wunder gleich, denn beide Bauten standen lange Zeit auf der Abbruchliste. Im Falle des Neuen Schlosses spitzte sich die Auseinandersetzung dramatisch zu, als am 11. März 1954 der Ältestenrat des Landtages von Baden-Württemberg in den Wettbewerbsbedingungen für den Landtagsneubau festlegte, dieser solle entweder ins Neue Schloß eingefügt oder nach Beseitigung der Schloßruine an dieser Stelle völlig neu errichtet werden.

Daraufhin veröffentlichten die in Stuttgart erscheinenden Tageszeitungen Aufrufe zu Bürgerspenden und anderen Aktivitäten zur Rettung des Neuen Schlosses. Der Druck von seiten der Öffentlichkeit war so groß geworden, daß in der Landesverwaltung allmählich ein Umdenkungsprozeß einsetzte. Als erstes Organ sprach sich Ende April 1954 der Ministerrat dafür aus, daß das Schloß auf keinen Fall abgerissen werden dürfe.

Die Gefahr war jedoch erst vier Jahre später endgültig gebannt, nachdem der offizielle Wiederaufbaubeschluß verabschiedet worden war. Die Ausbauarbeiten dauerten dann noch bis in die sechziger Jahre, wobei nur im Mitteltrakt ein Teil der Innenräume rekonstruiert wurde. Die Seitenflügel erhielten für die Unterbringung von Ministerien einen modernen Ausbau, einzig der an der Stirnseite des rechten Flügels gelegene »Weiße Saal« konnte mit Hilfe von Spenden aus der Stuttgarter Bevölkerung als Konzert- und Vortragssaal wiedererrichtet werden.

Stand das Neue Schloß einst im Mittelpunkt einer großartigen städtebaulichen Gesamtanlage, so ist es nach der Beseitigung der rückwärtigen Hohen Carlsschule (im Luftbild rechts unten) und der Umgestaltung des Rosengartens (rechts oben) sowie durch die Veränderungen im Inneren und am Äußeren nurmehr Rudiment in der modernen Stadtlandschaft.

Aus großer Höhe fällt dem Betrachter das geometrische Wegesystem von Schloßplatz und Karlsplatz sofort ins Auge. Die Aufnahme stammt von 1918.

Königsbau und Kronprinzenpalais, um 1942

Verkehrsplanern zum Opfer gefallen

Von einer Position über dem Schloßplatz blickt der Betrachter auf die nordwestliche Platzbegrenzung mit Königsbau und Kronprinzenpalais. Das Bild ist während des Zweiten Weltkrieges kurz vor der Zerstörung Stuttgarts aufgenommen worden. Um den Bomberpiloten die Orientierung zu erschweren, hatte man das markante Wegesystem des Schloßplatzes durch schwarze Einfärbung unkenntlich gemacht.

Welch enorme Bedeutung der Bereich vor dem Königsbau als Zentrum des alten Stuttgarts hatte, läßt sich heute nur noch erahnen. Die Kolonnaden und der Schloßplatz waren schlechterdings *die* Treffpunkte in der Stadt. Vor dem Zweiten Weltkrieg führten sage und schreibe 14 Straßenbahnlinien zur Haltestelle »Schloßplatz«. Nach und nach ist die Zahl kleiner geworden, aber das endgültige Ende als Umsteigestation kam erst mit der Eröffnung des U-Bahn-Tunnels 1978.

Auf der Abbildung erkennt man als helle Striche die vielen Gleise im Zuge der Königstraße, aber auch in der Schloßstraße (heute Bolzstraße) und zur Planie hin; ja sogar in der schmalen Kanzleistraße am linken oberen Bildrand fuhren Straßenbahnen.

In stumpfem Winkel bog von der Kanzleistraße die Friedrichstraße ab, die hier dem oberen Bildrand entlang verläuft. Sie ist aus einem Weg hervorgegangen, auf dem seit dem 13. Jahrhundert vom Tunzhofer Tor am Kanzleibogen beim heutigen Schillerplatz der gesamte Verkehr in nördlicher Richtung rollte. Vermutlich zeichnet ihr Verlauf den Fernweg vom Asperg zum Neuffen nach, der hier schon in vorrömischer Zeit das Stuttgarter Tal durchquerte.

Von allen auf dem Foto zu sehenden Gebäuden stehen außer dem Königsbau nur noch zwei Häuser im rechten Abschnitt der Friedrichstraße. Die Fürstenstraße in der Bildmitte, Verbindung zwischen Schloßplatz und Friedrichstraße, hat heute Hinterhofcharakter.

Das große, vierflügelige Gebäude mit dem Innenhof – zwischen der Friedrichstraße und dem Königsbau – war die zwischen 1868 und 1871 von Alexander Tritschler errichtete Hauptpost. Sie war 1852 vom Alten Postplatz hierher verlegt worden, und zwar zunächst in die einstige Feldjägerkaserne, die den Vorteil hatte, dem sechs Jahre zuvor eröffneten Bahnhof gegenüberzuliegen. Noch heute befindet sich an dieser Stelle (in einem Neubau) die Hauptpost.

Der Königsbau im Vordergrund steht platzbeherrschend als Gegenüber des Neuen Schlosses. Er wurde in den fünfziger Jahren des 19. Jahrhunderts nach den Plänen der Architekten Christian Leins und Johann Michael Knapp errichtet. Neben zahlreichen Geschäften und Cafés war im Obergeschoß ein großer Festsaal eingebaut, der auch als Konzert- oder Ausstellungsraum Verwendung finden konnte. Der im Krieg ausgebrannte Bau wurde bis 1959 wieder erstellt, wobei allerdings außer den Kolonnaden nichts Altes übernommen worden ist.

Früher stand an dieser Stelle das im 16. Jahrhundert ursprünglich als Kelter erbaute herzogliche Futterhaus, in welchem 1802 Hofbaumeister Thouret einen Theater- und Konzertsaal einrichtete. 1854 wurde es abgerissen.

Dem Gebäude links vom Königsbau trauern noch heute zahlreiche Stuttgarter nach, und erst vor wenigen Jahren wurde bei der Diskussion um die Neugestaltung des Kleinen Schloßplatzes ernsthaft seine Totalrekonstruktion ins Gespräch gebracht. Ursprünglich gegen Ende der vierziger Jahre des vergangenen Jahrhunderts als Palast des damaligen Kronprinzen Karl von Württemberg durch Ludwig Gaab errichtet, wurde darin nach dem Ende der Monarchie 1918 eine Gemäldegalerie und der »Stuttgarter Handelshof« eingerichtet. Um kaum ein anderes Gebäude der Stuttgarter Innenstadt fanden nach 1945 Auseinandersetzungen von solch beispielloser Härte statt. Während die Stadt Stuttgart den Bau zugunsten einer neuen Straßenverbindung abbrechen wollte, glaubte die Landesregierung, in deren Besitz es sich befand, sowie Wissenschaftler und weite Teile der Bevölkerung, aus stadtbildpflegerischen Gründen auf seine Architektur nicht verzichten zu können.

Die Verkehrsplaner haben schließlich gesiegt. Das bis heute nicht endenwollende Drama um den »Bauplatz Kleiner Schloßplatz« gibt jedoch rückwirkend den ehedem als Altvordere verschrienen Erhaltungswilligen Recht.

Neckarstraße mit Hoher Carlsschule und Reithaus, um 1937

Schon damals eine »Kulturmeile«

Die Gebäudedichte der im Vordergrund das Bild querenden Neckarstraße ist in der gegenwärtigen Situation kaum mehr vorstellbar. Einzig das Große Haus der Württembergischen Staatstheater ganz rechts hat alle Stürme der letzten fünfzig Jahre überdauert und kann als Orientierungspunkt dienen. Es war damals noch nicht so hart vom Verkehr bedrängt, denn man erkennt den Schicksalsbrunnen von Karl Donndorf noch an seinem ursprünglichen Platz vor dem Künstlereingang. Nach dem Ausbau der Konrad-Adenauer-Straße fand er im Schloßgarten zwischen Großem und Kleinem Haus seine neue Aufstellung.

Links vom Großen Haus sieht man das ehemals königliche Reithaus (siehe Seite 34) mit den Ausstellungsgebäuden am Interimstheaterplatz.

Der vielflügelige Gebäudekomplex noch weiter links war die sogenannte Akademie, die Hohe Carlsschule. Durch ihre Beseitigung liegt die breite Rückfront des Neuen Schlosses nun frei. Von Anfang an war diese nur als Hinterhoffassade ohne repräsentativen Anspruch geplant, da das Carlsschulgebäude schon vorher da war und dem Schloß die Ausrichtung vorgab. Herzog-Administrator Carl Friedrich von Württemberg-Oels hatte den einfachen Barockbau von 1740 an als zentrale Stuttgarter Kaserne errichten lassen. Erst fünfunddreißig Jahre später wurde der Komplex durch den Hofarchitekten R. F. H. Fischer aufwendig für die Zwecke der Schule umgebaut. Kurz nach seiner Volljährigkeitserklärung 1744 begann der gerade sechzehnjährige Herzog Carl Eugen mit den Planungen für das Neue Schloß. Zwei Jahre später legte er den Grundstein.

Dem genauen Betrachter der heutigen Situation fällt auf, daß zur Aufwertung der jetzt am Akademiegarten offen daliegenden Hinterfassade des Schlosses etwas verändert wurde. Im Zuge des Wiederaufbaus erhöhte man den Mittelteil des Neuen Schlosses um ein halbes Geschoß und baute ihm eine zwar elegante, aber völlig funktionslose Freitreppe vor.

Obwohl im Zweiten Weltkrieg weitgehend zerstört, hat man Teile der Hohen Carlsschule später wiederhergestellt. Neue Straßenplanungen sowie der Bau des Landtagsgebäudes verhinderten eine dauerhafte Erhaltung des Gesamtkomplexes. Zuletzt wurde im September 1959 die heftig umkämpfte Festsaalruine abgerissen. Nur sechs Wochen später eröffnete man in der Staatsgalerie die Ausstellung »Die Hohe Carlsschule«. Zeitgenossen empfanden diese quasi als offizielles Requiem für den soeben aus dem Stadtbild verschwundenen Bau.

Auf der anderen Seite der Neckarstraße, gegenüber der Hohen Carlsschule, sieht man die alte Landesbibliothek. Sie ist im Zweiten Weltkrieg ausgebrannt, wurde später jedoch teilweise wiederhergerichtet. Erst nach dem Umzug in den benachbarten Neubau wurde der alte Teil 1970/71 abgerissen. Später entstand hier eine Tiefgarage. Daneben, an der Stelle der Wohngebäude im Vordergrund, erhebt sich seit 1987 das Abgeordnetenhaus des Landtages.

Vor dem Zweiten Weltkrieg war die Neckarstraße einer der bevorzugtesten Straßenzüge Stuttgarts. In dem hier sichtbaren oberen Abschnitt, der schon damals als »Kulturmeile« verstanden wurde, reihte sich ein markantes Gebäude neben das andere. Weiter unterhalb traten Wohnhäuser in den Vordergrund, von denen heute nur noch wenige übrig sind.

Der Hof der Hohen Carlsschule im Jahre 1931.

Großes Haus und Obere Anlagen, um 1942

Landtag statt Konzerthaus

Das Große Haus der Württembergischen Staatstheater in der Bildmitte war nach dem Zweiten Weltkrieg das einzige öffentliche Gebäude im Zentrum Stuttgarts, das völlig unzerstört geblieben war. Deshalb war es auch hier, wo der amerikanische Außenminister James Byrnes am 6. September 1946 seine berühmte Rede über die Zukunft Deutschlands gehalten hat.

Der Theaterbau wurde zwischen 1909 und 1912 nach Plänen des Architekten Max Littmann auf dem Gelände des ehemaligen Botanischen Gartens und der Hofgärtnerei am Rande der Schloßgartenanlagen errichtet. Zusammen mit dem darüber sichtbaren Kleinen Haus, das nach seiner Zerstörung im Zweiten Weltkrieg in modernen Formen wiederaufgebaut wurde, war das neue Opernhaus notwendig geworden, weil in der Nacht zum 20. Januar 1902 das bisherige Hoftheater am Schloßplatz niedergebrannt war.

König Wilhelm II. von Württemberg hat seine Hoftheater zu jeder Zeit tatkräftig gefördert, und so ordnete er damals sofort die Errichtung eines Ersatzbaus an. Mit den Planungen für einen dauerhaften Neubau wollte man sich noch Zeit lassen. Zwischen April und Oktober 1902, in also nicht ganz sechs Monaten, entstand dann das sogenannte Interimstheater. Zehn Jahre später, als die Littmann-Bauten fertiggestellt waren, wurde es wieder abgerissen. Der damalige Bauplatz ist auf dem Luftbild als freie Fläche links unterhalb des Großen Hauses zu finden.

Blickt man die Neckarstraße abwärts, dann fällt auf, daß das Littmannsche Doppeltheater sehr behutsam unter Wahrung der alten Straßenrandbebauung in die überkommene Struktur eingegliedert worden war. Ähnliches geschah erst jüngst beim Bau der Neuen Staatsgalerie, wo ältere Wohnhäuser bewußt umbaut wurden.

Zwischen dem ganz links unten sichtbaren äußeren Flügel der Hohen Carlsschule und dem Großen Haus steht das ehemals königliche Reithaus. Der Hofbaumeister König Wilhelms I., Giovanni Salucci, hatte es 1839 für Festlichkeiten des Hofes und andere Veranstaltungen errichtet. Nach der Beseitigung des rückwärtig anschließenden Interimstheaters wurde das Reithaus 1913 tiefgreifend umgebaut. Es diente fortan als Sport-, Fest- und Veranstaltungshalle und erst nach 1935 ausschließlich als Reithalle.

Im Krieg zwar beschädigt, aber sogleich in den alten Formen wiederhergestellt, wurde das Reithaus zunächst als Kino genützt, später war es Kulissenhaus der Württembergischen Staatstheater. Bald nach Kriegsende laut gewordene Überlegungen, hier als Ersatz für die zerstörte Liederhalle einen Konzertsaal einzurichten, wurden seltsamerweise nicht weiterverfolgt.

Das »Todesurteil« über das Reithaus wurde am 5. Dezember 1956 gesprochen, als nach heftigsten Auseinandersetzungen um den künftigen Standort eines neuen Landtagsgebäudes das Parlament einen Kompromiß des Ältestenrats zustimmte. Dieser sah das Gelände des einstigen Interimstheaters sowie eines Teiles der Hohen Carlsschule als Bauplatz vor. Zwei Jahre später wurde mit den Abbrucharbeiten begonnen, die jedoch recht langwierig zu werden drohten, denn die Bausubstanz erwies sich als »sehr solid und fest«. Schließlich entschloß man sich zur Sprengung und setzte dem Gebäude vier Tage vor Weihnachten 1958 ein Ende.

Es ist heute kaum mehr vorstellbar, daß der Schloßgarten früher von einer richtigen Straße durchquert wurde. Diese sogenannte Schloßgartenstraße führte zwischen Reithaus und Oper hindurch, am Theatersee vorbei und mündete hinter dem Kunstgebäude in die heutige Stauffenbergstraße. Sogar Straßenbahnen – die Linien 25 und 26 mit den Fahrtzielen Esslingen und Hedelfingen – verkehrten hier.

Der dem Großen Haus vorgelagerte »Theatersee« hatte zu jener Zeit noch seine ovale Form. Das Theater war axial auf den um einhundert Jahre älteren See bezogen und dieser wiederum auf das noch ältere Neue Schloß ausgerichtet. Dieser optische Angelpunkt fehlt seit der Bundesgartenschau von 1961.

Die Luftaufnahme ist während des Zweiten Weltkrieges entstanden. Der See war damals zur Tarnung abgedeckt. Man war der Meinung, die blinkende Wasserfläche würde den Bomberpiloten zur Orientierung dienen.

Marstall und untere Königstraße, um 1932

Gesichtslos und recht jung

Als diese Aufnahme gemacht wurde, befand sich das Flugzeug über dem Mittleren Schloßgarten. Der Betrachter blickt auf die untere Königstraße. Ganz rechts unten erkennt man gerade noch eine Ecke des Hauptbahnhofs.

Dem langgezogenen ehemaligen Königlichen Marstall gegenüber mag die unorganische Bebauung besonders ins Auge fallen. Neben modernen, flachgedeckten Geschäftshäusern stehen klassizistische Gebäude mit Zwerchgiebeln sowie ein nur zweigeschossiger Eckbau bei der Einmündung der Thouretstraße. Diese Durchmischung unterschiedlichster Gebäudetypen erinnert an die »gesichtslosen« Straßenzüge wirtschaftlich aufstrebender Städte, wo ohne gestalterische Oberaufsicht der Speku lation freier Lauf gelassen wird. In eben so einer Umbruchphase befand sich die untere Königstraße zwischen den beiden Weltkriegen.

Obwohl schon um 1500 in diesem Bereich ein Siechenhaus für Leprakranke mit einer Kapelle entstanden war, beginnt die Geschichte dieses Straßenabschnitts erst mit dem ersten Jahrzehnt des 19. Jahrhunderts. Damals hat der württembergische Herzog gleich zwei Rangerhöhungen erfahren, denn 1803 wurde er zum Kurfürsten erhoben und gut zwei Jahre später, am Neujahrstag des Jahres 1806, durfte er die Königswürde annehmen. Stuttgart war nun »Königliche Residenzstadt«, und nach dem Willen des damaligen Regenten sollte sich diese neue Stellung auch im Stadtbild ausdrücken.

König Friedrich I. beauftragte seinen Hofbaumeister Nikolaus Friedrich von Thouret mit der Ausarbeitung von Plänen zur Stadterweiterung im klassizistischen Sinne. Einer dieser neuen Straßenzüge entstand damals in Gestalt der unteren Königstraße. Häuser mit Zwerchgiebeln, wie wir nur noch wenige auf der Abbildung sehen, wurden damals entlang der ganzen Straße errichtet. 1807 wurde der 35 Jahre zuvor auf der Solitude nach Plänen von Reinhard Ferdinand Heinrich Fischer errichtete »Lange Stall« abgetragen und nahezu unverändert in der Königstraße als »Königlicher Marstall« wiederaufgebaut.

Ebenso wurde mit der 1811 eingeweihten Eberhardskirche verfahren. Als zeitgemäßen Abschluß erhielt die neue Straße 1810 das sogenannte Königstor, das etwa dort stand, wo im Bild auf dem Bahnhofsplatz Straßenbahngleise ein Dreieck bilden.

Durch das ganze 19. Jahrhundert hindurch blieb der Straßenzug fast ohne Veränderung. Kurz vor 1900 tauchten die ersten Überlegungen zu einer intensiveren Nutzung des riesigen Marstallgeländes auf, die jedoch nicht weiterverfolgt wurden.

Erst das Ende der Monarchie im Jahre 1918 und die Einweihung des neuen Hauptbahnhofs vier Jahre später rückte die Straße endgültig in den Mittelpunkt, denn nun wurden die bisherigen Hofbauten entweder abgebrochen oder zu Geschäftshäusern umgebaut. Die Beseitigung des Königstors, das bisher als Verkehrshindernis inmitten der Straße stand, machte 1922 die Verlegung von Auto- und Straßenbahnverkehr aus der Friedrichstraße in die Königstraße möglich.

1923 wurden im ehemaligen Marstall 21 neue Geschäftslokale eingerichtet, in dem beim Hauptbahnhof gelegenen Gebäudeteil konnte das Schloßgartenhotel eröffnet werden. Zudem errichtete man im ungenutzten Innenhof das »Palastkino«.

Dies alles sollte jedoch nur provisorischen Charakter haben, denn ein so ausladender, nur dreigeschossiger Komplex erschien auf Dauer im Zentrum einer Großstadt nicht vertretbar. Bis in die vierziger Jahre hinein wollte man das ganze Gelände neu bebaut haben. Auf der Wunschliste ganz oben stand dabei ein »erstklassiges Wohnhotel ... wie es besonders die Amerikaner lieben ...«.

Schon Mitte der zwanziger Jahre hatte die Reichsbank den Marstallflügel zum Kunstgebäude hin abreißen und einen Neubau errichten lassen, der heute Sitz der Hauptverwaltung der Landeszentralbank in Baden-Württemberg ist. Die Bomben des Zweiten Weltkriegs, die das alte Marstallgebäude restlos vernichteten, sind den Abbruchbaggern also nur zuvorgekommen.

Als einziges Gebäude der unteren Königstraße hat das Haus von Hahn & Kolb seine ursprüngliche Gestalt bis heute bewahrt. Albert Schieber erbaute es 1926 als eines der ersten Stahlbetonhochhäuser. Es steht heute unter Denkmalschutz.

Der alte Hauptbahnhof, Sommer 1923

21 Millionen Goldmark

Die tiefgreifendste und flächenmäßig größte Umgestaltung der ersten 40 Jahre unseres Jahrhunderts hat die Stuttgarter Innenstadt im Zusammenhang mit der Bahnhofsverlegung erfahren. Durch die Herausnahme der alten Gleisanlagen stand plötzlich ein riesiges Areal in nächster Nähe des Schloßplatzes zur Bebauung an.

Nach der Diskussion mehrerer Standortvarianten hatte die königliche Entscheidung vom 13. März 1844 endlich den Bauplatz des Bahnhofs in der damaligen unteren Schloßstraße (heute Bolzstraße) festgelegt. Anfangs genügten zwei Bahnsteige für den Reiseverkehr, als aber mit der Eröffnung neuer Eisenbahnstrecken das Fahrgastaufkommen wuchs, mußte man sich seit 1860 Gedanken über eine Erweiterung machen.

Zwischen 1864 und 1867 wurde einfach links der alten eine zweite Bahnsteighalle errichtet und der Raum dazwischen als Zugangsbereich mit Wartesälen, Gepäckschaltern und anderen Diensträumen ausgebaut.

Der so erweiterte Stuttgarter Bahnhof hatte nun eine Breite von hundert Metern, kam jedoch in der schmalen Schloßstraße architektonisch nicht zur Geltung. Auch war an dieser Stelle der Platz für Erweiterungen erschöpft. Nur eine völlige Verlegung des Bahnhofs konnte bei neuerlichem Anwachsen der Fahrgastzahlen zur Verbesserung führen.

Bis 1907 dauerten die Standortdiskussionen, dann entschied sich König Wilhelm II. für den Bereich am Ende der Königstraße. Am 23. Oktober 1922 konnte endlich der erste Bauabschnitt mit vier Bahnsteigen dem Verkehr übergeben werden. Vom selben Tag an war der alte Bahnhof stillgelegt und wartete nun auf sein weiteres Schicksal.

Schon 1907 war das sieben Hektar große Gelände des alten Bahnhofs für 21 Millionen Goldmark an den Fürsten von Donnersmarck mit dem Ziel verkauft worden, dadurch die Finanzierung des Neubaus zu sichern.

Bald waren am alten Bahnhof die Gleisanlagen abgebaut sowie die Dächer der beiden je 200 Meter langen Bahnsteighallen beseitigt. Diesen Zustand zeigt das große Luftbild im Sommer des Jahres 1923. Ganz links erkennt man darauf den neuen Hauptbahnhof, rechts einen Flügel des Neuen Schlosses.

Der Hauptbahnhof an der Schloßstraße um 1920 kurz vor seiner Stillegung.

Das neue Bahnhofsviertel, um 1938

Vom Bahnhof zum Kinopalast

Das Luftbild zeigt in der Mitte das Gelände des alten Bahnhofs nach der Neugestaltung. Ein Vergleich mit den Abbildungen der vorhergehenden Doppelseite macht die Veränderungen deutlich.

Nach der Stillegung des ersten Stuttgarter Bahnhofs und der Herausnahme der Gleise wurden auf den Grundflächen der einstigen Bahnsteighallen neue Straßen angelegt. Während das linke Fassadendrittel zugunsten des Anschlusses der neuen Lautenschlagerstraße an die Friedrich- und die Schloßstraße abgebrochen wurde, hat man den rechten Teil erhalten und die neugeschaffene Stephanstraße unter einem Torbogen hindurchgeführt.

Bereits am 1. Oktober 1923 war die Lautenschlagerstraße fertiggestellt, jedoch wurde sie noch über ein Jahrzehnt in ihrem oberen Abschnitt auf beiden Seiten von den Außenmauern der ehemaligen Bahnhofshalle flankiert. Erst 1938 sind mit der Erweiterung des Industriehofs die letzten Reste gefallen. In der Stephanstraße haben sie sogar den Krieg überdauert, sind dann aber beim Wiederaufbau verschwunden.

Was mit der ausgedienten Empfangshalle des Bahnhofs geschehen sollte, war anfangs umstritten. Die einen wollten sie zu einer riesigen, 200 Meter langen Ausstellungshalle umbauen, die anderen das Grundstück aufteilen und hinter der teilweise zu erhaltende Fassade einen Kinosaal einbauen. Letztere hatten Erfolg, so daß am 9. Februar 1926 an dieser Stelle der Ufa-Palast eingeweiht werden konnte. Da das Gebäude unversehrt durch den Krieg gekommen war und heute der Saal noch vorhanden ist, wird derzeit seine Wiederherstellung als Varieté-Theater diskutiert.

Neben dem Ufa-Palast war es zunächst das in seiner Höhenentwicklung noch zurückhaltende Bürohochhaus der Oberpostdirektion zwischen Kronen- und Thouretstraße, das 1927 auf der neugewonnenen Fläche fertiggestellt wurde.

Als eine der letzten Baulücken auf dem einstigen Bahnhofsgelände wurde der Platz zwischen Ufa-Palast und Thouretstraße durch das TWS-Haus überbaut. Nach zwei Jahren Bauzeit konnte es am 19. September 1936 eingeweiht werden.

Im Vergleich mit anderen Stadtvierteln erscheint die Bebauung in diesem Bereich wegen der mehr oder weniger ausgeprägten Flachdächer und der blockhaften Baukörper erstaunlich modern. Die meisten Gebäude haben den Zweiten Weltkrieg entweder überlebt, oder sie wurden danach in den alten Formen wiederhergestellt.

Die Oberpostdirektion, kurz vor der Fertigstellung 1926/27.

Der neue Hauptbahnhof im Bau, 2. April 1918

Ein Bogen um die Kaserne

Auf der großen, am 2. April 1918 von einem Militärflugzeug aus aufgenommenen Abbildung erkennt man ganz unten einen Teil des Schloßgartens sowie den ersten Bauabschnitt des neuen Hauptbahnhofs, der erst im Rohbau fertiggestellt ist. Daneben verlaufen noch die Gleisanlagen zum ursprünglichen Bahnhof an der Schloßstraße (Bolzstraße). Der sanfte Bogen dieser Gleisstränge hat seine Ursache in der Lage der ehemaligen Reiterkaserne, um die sie herumgeführt worden waren. In Zusammenhang mit dem Bau des neuen Hauptbahnhofs wurde beim Römerkastell auf der Altenburg in Cannstatt eine neue Kaserne gebaut und die alte dafür abgebrochen.

Am linken Bildrand fällt dem Betrachter der sternförmige Friedrichsplatz ins Auge. Rechts davon führt die Schillerstraße unter den Bahngleisen hindurch, am neuen Bahnhof vorbei und durch den Schloßgarten weiter zur Neckarstraße. Lange Zeit hatte es keine Straßenverbindung durch die Anlagen gegeben, obwohl König Wilhelm I. schon 1843 eine solche in Aussicht gestellt hatte. Erst zu Beginn unseres Jahrhunderts wurde die Schillerstraße schließlich nach Südosten bis zur Staatsgalerie verlängert.

Unterhalb der Weinbergterrassen am Kriegsberg erkennt man den Baukomplex der Reichsbahndirektion. Von da aus verläuft die Heilbronner Straße unmittelbar oberhalb der Bahngleise nach rechts in Richtung Pragsattel. Etwa in der Mitte des hier sichtbaren Straßenabschnitts liegt das durch seine regelmäßige Anordnung auffallende »Postdörfle«. Es ist 1868 bis 1872 vom württembergischen Staat für Bedienstete bei Post und Bahn als erste zusammenhängende Arbeitersiedlung auf Stuttgarter Gebiet errichtet worden. Von den 26 Häusern mit 214 Wohnungen sind heute nur noch die beiden direkt an der Straße gelegenen Gebäude im alten Zustand erhalten.

Auf dem linken, im Sommer 1933 aus Anlaß des Deutschen Turnfestes entstandenen Bild sieht man den Hauptbahnhof festlich geschmückt. Wie ein Band zieht sich die Heilbronner Straße am Gelände des Güterbahnhofs vorbei zur Löwentorbrücke und zum Pragsattel. Der Vergleich beider Fotos zeigt deutlich die Umstrukturierung des Gleissystems und die Verlegung des Güterbahnhofs. Von seinen Schienen ist heute auch der Platz bedeckt, auf dem einst das Dorf Tunzhofen stand. Obwohl die Siedlung wahrscheinlich weiter in die Geschichte zurückreicht als Stuttgart, zogen die Bewohner im Laufe des 14. Jahrhunderts hinter die schützenden Mauern der gräflichen Residenzstadt und gaben den Ort auf. Die Tunzhofer Straße hält die Erinnerung an das Dorf noch heute wach.

Blick auf den Hauptbahnhof zur Zeit des Deutschen Turnfestes 1933.

11525

Das neue Bahnhofsviertel, Frühjahr 1927

Fundamentarbeiten für den Hindenburgbau

Nach der Inbetriebnahme des ersten Bauabschnitts des neuen Hauptbahnhofs und der Beseitigung der alten Gleisanlagen konnte mit der Neugestaltung des riesigen Geländes begonnen werden.

Schon 1922 hatte Paul Bonatz Vorschläge zur Bebauung des Bahnhofsplatzes gemacht, die der weiteren Planung als Grundlage dienten. Währenddessen wurde das Gelände provisorisch zu verschiedenen Zwecken genutzt. 1924 beispielsweise wurde auf dem ehemaligen Bahnhofsgrundstück eine Bauausstellung abgehalten, innerhalb derer die Stuttgarter Künstlervereinigung »Sezession« in einem eigenen Gebäude auf dem Gelände des heutigen Hindenburgbaus ausstellte. Die »Sezession« war im Jahr zuvor als Alternative zum Künstlerbund gegründet worden, der als zu konservativ und einengend empfunden wurde. In den folgenden Jahren entstanden hier zwischenzeitlich Behausungen für eine Tierschau und für den Zirkus Knie sowie ein Hippodrom. In der rechten Bildhälfte erkennt man an der Lautenschlagerstraße das kuppelbekrönte Zirkusgebäude.

Endlich, im November 1926, konnte mit den Bauarbeiten für den Hindenburgbau begonnen werden. Die Abbildung zeigt im Vordergrund die Fundamentierung des 136 Meter langen Baukörpers im Frühjahr 1927. Schon am 29. Februar des folgenden Jahres war der Neubau bezugsfertig. Die verantwortlichen Architekten Schmohl, Staehlin, Eitel und Bielenberg haben die neun Meter hohen Mittelarkaden vom alten Bonatz-Entwurf übernommen, aus finanziellen Erwägungen wurde der ursprünglich mit sechs Geschossen vorgesehene Bau aber nur dreistockig errichtet.

Mittels einer Befragungsaktion wurden bei der Stuttgarter Bevölkerung Vorschläge für die Benennung des neuen Gebäudes eingeholt. Offensichtlich war der damalige deutsche Reichspräsident Paul von Hindenburg derart beliebt, daß sein Name am häufigsten genannt wurde.

Die Hauptattraktionen des Hindenburgbaus waren das am 16. Mai 1928 eröffnete städtische Planetarium sowie ein 2000 Besucher fassendes Konzertcafé.

Im Zweiten Weltkrieg ist der Bau ausgebrannt, aber schon 1949 war der Wiederaufbau vollendet. Nun zogen zunächst die Amerikaner ein, die dafür das Große Haus der Württembergischen Staatstheater für die Öffentlichkeit freigaben. Seit 1957 wird der Hindenburgbau wieder vollständig zivil genutzt. Den Wiederaufbau plante erneut Hans Paul Schmohl, der nun im ursprünglichen Sinne, aber in moderner Form zwei weitere Obergeschosse aufsetzte.

Am rechten unteren Bildrand sieht man den noch nicht bereinigten Bauplatz des bis 1931 von Bonatz errichteten Hotels Graf Zeppelin, ganz links fällt der Marstallkomplex ins Auge. Die 1986/87 rekonstruierte Oberpostdirektion an der Lautenschlagerstraße war zur Zeit dieser Luftaufnahme gerade fertiggestellt.

Der Hindenburgbau (links) und das Hotel Graf Zeppelin (rechts) im Jahre 1932.

Friedrichsvorstadt und Innenstadt, Sommer 1934

Vornehme Gegend

Die im Sommer 1934 entstandene Luftaufnahme zeigt den Blick etwa aus der Gegend des Kriegsbergs auf die Stuttgarter Innenstadt. Am linken Bildrand erkennt man den Bahnhofsvorplatz mit dem Hindenburgbau. Rechts reicht das Bild bis zum Stadtgarten und zum Landesgewerbemuseum, dem späteren Landesgewerbeamt und jetzigen Haus der Wirtschaft. Im Vordergrund fällt vor allem der sternförmige Friedrichsplatz ins Auge sowie die zur Altstadt hinführende Friedrichstraße.

Als König Friedrich I. im ersten Jahrzehnt des 19. Jahrhunderts daranging, seine Residenzstadt im Zeichen der neuen Königswürde großzügig zu erweitern, wurde im Rahmen dieser Planungen nicht nur die untere Königstraße, sondern auch die Friedrichstraße angelegt. Der eigentliche Bauboom setzte aber erst nach dem Tode des Königs unter dessen Sohn und Nachfolger Wilhelm I. in den zwanziger Jahren ein. Damals wurde auch ein neues Tor am Ende der Friedrichstraße (unten außerhalb des Bildes) errichtet und das Rondell des Friedrichsplatzes abgesteckt.

Bald galt diese Gegend als eine der vornehmsten in der Stadt. In einzelnen Häusern entstanden sogenannte Salons, wo sich Leute trafen, die nicht nur in der Stuttgarter Gesellschaft Rang und Namen hatten. Unter ihnen waren Jean Paul, Ludwig Uhland, Nikolaus Lenau und viele andere.

Im Zweiten Weltkrieg wurde dieser Stadtteil so schwer zerstört, daß die Stadtplaner ohne Rücksichten neue Wege gehen konnten. Zugunsten der direkten Durchführung der jetzt mehrspurigen Friedrichstraße zum Hauptbahnhof gaben sie den Stern des Friedrichsplatzes auf. Das Gesicht der einst klassizistischen Stadterweiterung hat sich dadurch völlig verändert.

Der rechts an den Friedrichsplatz anschließende Bereich ist erst nach 1850 in seiner hier sichtbaren Form entstanden. Als herausragendes Gebäude erkennt man links des Stadtgartens das Polytechnikum von 1864. Während der Stadtgartenflügel – wenn auch reduziert – für die jetzige Universität als Rektoramt wiederaufgebaut wurde, hat man den kuppelbekrönten Hauptbau abgerissen und statt dessen die beiden Kollegienhochhäuser errichtet. Einzig das sogenannte Backsteingebäude (Keplerstraße 10), das links oberhalb des Polytechnikums zu sehen ist, hat die Zeiten bis heute unversehrt überdauert. Es soll in absehbarer Zeit zugunsten eines modernen Bürohauses abgebrochen werden.

Links über dem Friedrichsplatz fällt die modern anmutende, blockhafte Hochhausbebauung auf. Es handelt sich dabei um die Neubauten aus den späten zwanziger Jahren, die nach der Eröffnung des neuen Hauptbahnhofs auf den einstigen Bahnanlagen errichtet worden waren.

Der sternförmige Friedrichsplatz, etwa im Jahr 1940.

Stadtgarten, Gewerbehalle und Garnisonskirche, um 1938

Einst See, heute Uni-Campus

Geht man heute von der Liederhalle am Max-Kade-Studentenwohnheim vorbei zum Lindenmuseum am Hegelplatz, dann könnte man auf den ersten Blick den Eindruck gewinnen, sich entweder im großzügig geplanten Zentrum einer Retortenstadt in Übersee oder aber am Cityrand einer europäischen Großstadt zu befinden.

Bis zur Zerstörung im Kriege und noch einige Jahre danach war der Charakter dieses Viertels ein ganz anderer, denn städtebaulich gehörte es noch ganz ins Zentrum Stuttgarts. Während heute die Gebäude eher zur Möblierung von offener grüner Landschaft zu dienen scheinen, wurde Innenstadtgrün früher überwiegend als Gestaltungselement im geschlossenen Stadtbild verwendet. Der in der Mitte der historischen Luftaufnahme sichtbare Stadtgarten ist daher von allen Seiten durch Bebauung eingegrenzt.

Links unten erkennt man das Lindenmuseum am Hegelplatz, links darüber das 1828 von Hofbaumeister Thouret als erstes größeres Gebäude in dieser Gegend errichtete klassizistische Katharinenhospital. Das massige, ebenfalls am Hegelplatz gelegene Gebäude mit dem gewölbten Dach war die Gewerbehalle, die auf der folgenden Doppelseite ausführlich beschrieben wird.

Das Gelände unterhalb der Gewerbehalle fällt aus dem sonst mit repräsentativen Großbauten bestandenen Viertel heraus. Die niedere, barackenartige Bebauung stammt noch aus den sechziger Jahren des vergangenen Jahrhunderts und gehörte einst zum Schlachthof. 40 Ochsenmetzger haben damals einen Schlachthausverein gegründet und die Verlegung der Tiertötungsanstalt aus der engen Altstadt hier heraus veranlaßt.

In diesem Zusammenhang ist 1867 auch die Kriegsbergstraße entstanden; auf ihr wurden die zum Schlachten bestimmten Tiere vom Güterbahnhof heraufgeführt. Nach dem Umzug des Schlachthofes in sein neues Domizil in Gaisburg zu Beginn unseres Jahrhunderts war auf dem freigewordenen Gelände am Hegelplatz zunächst der Bau eines Historischen Landesmuseums geplant, später wurde der Platz für ein neues Paketpostamt reserviert. Keines dieser Projekte konnte schließlich verwirklicht werden. Bis zum Zweiten Weltkrieg waren die Baulichkeiten von der Daimler-Benz AG genutzt.

Auf dem dreieckigen Skagerrakplatz steht die Garnisonskirche. Heute befindet sich an dieser Stelle ein Universitätsparkplatz. Auf gleicher Höhe erkennt man ganz rechts als langgestrecktes Gebäude die alte Liederhalle.

Einst waren etwa zwischen der heutigen Weimarstraße und der Keplerstraße drei Seen angelegt, deren westlichster jedoch bereits 1581 wieder trockengelegt wurde. Der mittlere verschwand 1618 und der unterste 1737. Fortan hieß die Gegend »Seewiesen«. Alle Gebäude zwischen dem am unteren Bildrand sichtbaren, 1626 angelegten Hoppenlaufriedhof und der Keplerstraße stehen folglich auf dem ehemaligen Grund des sogenannten Großen oder Unteren Sees.

Der Stadtgartenbereich; Luftaufnahme um 1985.

Gewerbehalle, um 1940

Messeplatz und Lazarett

Von den einstmals markanten und in der Wiederaufbauzeit aus dem Stadtbild verschwundenen Gebäuden ist kaum eines so nachhaltig in Vergessenheit geraten wie die Gewerbehalle am Hegelplatz. Dabei muß sie als direkter Vorläufer des heutigen Messegeländes auf dem Killesberg gelten.

Nachdem sich um die Mitte des 19. Jahrhunderts aus vielerlei Gründen eine für die Zukunft hoffnungsvolle Wirtschaftsentwicklung im Lande abzuzeichnen begann, sollte in Stuttgart ein Forum für die Ausstellung der in Württemberg hergestellten Produkte geschaffen werden. Obwohl 1860 die Errichtung einer Gewerbehalle offiziell beschlossen wurde, vergingen noch mehr als 20 Jahre, bis das Gebäude eingeweiht werden konnte.

Als Bauplatz hatte man das Gelände zwischen dem damaligen Alleenplatz (heute Stadtgarten, links oben im Bild sichtbar) und dem Katharinenhospital (links unten) gewählt. Im Zusammenhang mit einer großen allgemeinen Landesgewerbeausstellung wurde das 100 Meter lange und 36 Meter breite, von Stadtbaurat Adolf Wolff errichtete Gebäude 1881 seiner Bestimmung übergeben. Neben 8500 Quadratmetern Ausstellungsfläche – das ist gut ein Fünftel der Hallenfläche auf dem Killesberg – waren darin ein Bierkeller, eine sogenannte altdeutsche Weinstube sowie ein vornehmes Damencafé untergebracht.

Bis zum Ausbruch des Ersten Weltkriegs war die Gewerbehalle Ort zahlreicher überregionaler Messen und Ausstellungen. Dann – während der Kriegszeit – wurde in ihr ein Reservelazarett eingerichtet, zeitweise wurden erbeutete »Kriegstrophäen« gezeigt.

Blick auf die Gewerbehalle von Süden, um 1900. Deutlich tritt der Treppenhausbau aus der Fassade hervor.

In den zwanziger Jahren erwies sich immer wieder, daß die alte Halle für die mit der Zeit gewachsenen Bedürfnisse zu klein war; man entschloß sich daher, den repräsentativen Treppenhausvorbau mit neuen Hallen zu umbauen. Die einstige Hauptfassade wurde dadurch freilich ihres ursprünglichen Eindrucks beraubt. In jener Zeit waren es vor allem Kleintier- sowie Textil- und Bekleidungsausstellungen, die hier abgehalten wurden.

Etwa ab der Mitte der dreißiger Jahre machte man sich Gedanken, ob nicht ein Abbruch der Gewerbehalle und der anderen Ausstellungsgebäude zugunsten einer neuen Gesamtlösung von Vorteil wäre. Doch dazu kam es nicht. Dafür wurde der über fünfzig Jahre alte Bau 1938 in seinem Inneren grundlegend umgebaut und fortan vor allem als Tagungsstätte und für Festveranstaltungen genutzt.

Nach dem Ausbruch des Zweiten Weltkriegs wurde hier im Frühjahr 1940 die »Zentralsammelstelle für die Metallspende« eingerichtet; drei Jahre später brannte das Gebäude völlig aus.

Als nach dem Kriege im Bereich der Holzgartenstraße die Betriebe der Trümmerverwertung angesiedelt wurden, baute man auf dem Grund der ehemaligen Gewerbehalle, geschützt von den noch gut erhaltenen Außenmauern, eine Backsteinzerkleinerungsmaschine ein. Im Herbst 1954 schließlich wurde die Ruine abgebrochen.

An derselben Stelle befindet sich nun die Universitätsbibliothek.

Auf der kurz vor dem Beginn der Bombenangriffe im Zweiten Weltkrieg aufgenommenen Abbildung erkennt man ganz unten einen Teil des Lindenmuseums, links davon einen Flügel des alten Katharinenhospitals. Das links der Gewerbehalle im Stadtgarten gelegene Gebäude ist das Stadtgartenrestaurant mit dem berühmten »Weinhaus am See«. Außer dem Lindenmuseum und der am oberen Bildrand mit den spitzen Dachaufbauten sichtbaren Baugewerkschule (heute Fachhochschule für Technik) ist im Bildbereich kein altes Haus mehr erhalten.

Skagerrakplatz und Garnisonskirche, um 1940

Großstadtplatz

Der Platz um die Garnisonskirche war ein architektonisches Ensemble aus dem letzten Viertel des 19. Jahrhunderts, das in Stuttgart seinesgleichen suchte. Außer dem beherrschenden Kirchenbau standen an dem Dreiecksplatz zwei Gymnasien, die Forstdirektion, das Finanzministerium sowie an den spitzwinkligen Platzecken die Gewerbehalle und die Liederhalle. Es waren öffentliche und in ihrem Repräsentationsbedürfnis jeweils eigenständige Bauten, die dem Passanten den Eindruck einer großstädtischen Platzanlage vermittelten.

Nachdem man sich entschlossen hatte, das Gelände der alten Gardekaserne zwischen Kanzlei- und Lindenstraße neu zu gestalten (siehe Seite 54), mußte auch auf einen Ersatz für die dort gelegene kleine Garnisonskirche gesonnen werden. Daraufhin wurde der Architekt Carl Dollinger mit der Ausarbeitung von Plänen für eine neue Garnisonskirche beauftragt. Als Bauplatz war das Seewiesengelände in unmittelbarer Nähe des Hoppenlau-Friedhofs vorgesehen. Am 15. Juni 1879 konnte der neoromanische Neubau, dessen Doppelturmfassade im neuen Westbau des Speyrer Doms sein Vorbild hatte, eingeweiht werden.

Da mit dem Ende der Monarchie in Württemberg auch die Stuttgarter Garnison aufgelöst wurde, hatte die Kirche damit praktisch ausgedient. Sie wurde 1920 von der Hospitalkirchengemeinde als zweite Predigtkirche übernommen. Im Zweiten Weltkrieg verlor die Kirche durch Brandbomben das Dach und die Turmspitzen; im Inneren jedoch hielten sich die Verwüstungen in Grenzen, so daß sogar die Schraudolphschen Fresken erhalten waren. Da der Gemeindebezirk der Hospitalkirche nach dem Wiederaufbau nicht mehr als Wohngebiet vorgesehen war und nicht einmal diese erste Predigtkirche in ihrer alten Größe Aussicht auf eine entsprechende Nutzung hatte, sahen die Stadtplaner für die Garnisonskirche keine Existenzberechtigung mehr. Sie wurde deshalb am 19. Dezember 1951 zugunsten eines Parkplatzes gesprengt.

Auf dem zu Beginn des Zweiten Weltkriegs entstandenen Luftbild erkennt man links unten eine Ecke der Gewerbehalle sowie am Ende der von da nach rechts oben führenden Holzgartenstraße die alte Liederhalle. Der breite Baukörper unterhalb der Garnisonskirche ist das Eberhard-Ludwig-Gymnasium, an dessen Stelle nun die Universitätsmensa steht. Das »Ebelu« zog 1957 in einen Neubau am Herdweg.

Im Hinterhof der Schule sieht man die an die Friedhofsmauer angebaute sogenannte Staatsturnhalle aus dem Jahre 1863. Sie stand ursprünglich an der Stelle des württembergischen Finanzministeriums (durch die Türme der Kirche verdeckt) und wurde bei der Errichtung des Behördenbaus 1902 zum Hoppenlau-Friedhof versetzt.

An der linken Platzseite erhebt sich das Gebäude des Dillmann-Gymnasiums von 1881. Heute stehen dort zwei Bauten der Universität – das Uhrentechnische Institut und das Hörsaalprovisorium –, während »das Dillmann« seit 1958 ebenfalls in einem Neubau (Ecke Forst- und Silberburgstraße) untergebracht ist.

Die schon erwähnte Forstdirektion schließlich ist hinter dem Vierungsturm der Kirche zu sehen.

Jahrzehntelang war der Platz offiziell ohne Namen geblieben, obwohl er im Volksmund schlicht »Garnisonskirchenplatz« genannt wurde. Erst 1934 erhielt er die von Oberbürgermeister Strölin verordnete Bezeichnung »Skagerrakplatz« in Erinnerung an die berühmte Schlacht von 1916. Alljährlich wurden hier der Kübler- und der Holzmarkt abgehalten, und 1939 kam noch ein regulärer Wochenmarkt hinzu.

Zum Schluß sei auf zwei Innenstadtgebäude hingewiesen, die heute noch erhalten sind. Über den beiden Türmen der Kirche erkennt man das auf riesiger Grundfläche errichtete ehemalige Landesgewerbemuseum mit seinen charakteristischen Kuppeln. Es wurde im Februar 1988 als »Haus der Wirtschaft« neu eröffnet. Etwas weiter rechts sieht der Betrachter den Gebäudekomplex des früheren Dominikanerklosters, das nach der Reformation das Katharinenhospital beherbergte. Von der deshalb »Hospitalkirche« genannten einstigen Klosterkirche wurde nach dem Zweiten Weltkrieg nur der Chorraum wiederhergestellt. Statt des völlig zerstörten Kreuzgangsbereichs errichtete man als evangelische Bildungsstätte den sogenannten Hospitalhof.

Landesgewerbemuseum (Haus der Wirtschaft), um 1940

Muster aus dem Musterländle

Erst aus der Luft erkennt man, welch enorme Baumasse das ehemalige Landesgewerbemuseum innerhalb der umgebenden Bebauung darstellt. Der Baukomplex wurde zwischen 1889 und 1896 nach den Plänen des Architekten Skjöld Neckelmann errichtet, nachdem zuvor die verschiedenen Gebäude der Gardekaserne und die alte Garnisonskirche abgebrochen worden waren.

Das Landesgewerbemuseum wurde am 6. Juni 1896 mit einer großen, überregional beachteten Ausstellung für Elektrotechnik und Kunstgewerbe eingeweiht. Es diente fortan als Ausstellungsgebäude sowie als Sitz der Landesbehörde zur Gewerbeförderung. Die umfangreichen und wertvollen Sammlungen und die durchschnittlich 25 Wechselausstellungen jedes Jahr machten das Museum zu einem der bedeutendsten seiner Art in Europa. Nach dem Zweiten Weltkrieg wurden seine Bestände aufgelöst. Während ein Teil dem Württembergischen Landesmuseum eingegliedert werden konnte, wurde leider ein nicht unbeträchtlicher weiterer Teil verschleudert.

Das Landesgewerbemuseum war vor allem in den sechziger und frühen siebziger Jahren zeitweise vom Abbruch bedroht, da es mit seiner üppigen Fassade manchem Stadtplaner ein Dorn im Auge war. Seitdem auch diesen Bauten wieder gebührende Aufmerksamkeit geschenkt wird, ist sein Bestand nicht mehr gefährdet. Gegenwärtig wird es von Grund auf saniert und – wo möglich – im Inneren rekonstruiert. Ein erster Bauabschnitt wurde im Februar 1988 als »Haus der Wirtschaft Baden-Württemberg« eröffnet.

Die Stadtmauer um die sogenannte Obere oder Hospitalvorstadt (auch die Bezeichnungen »Reiche Vorstadt« und »Turnierakkervorstadt« waren gebräuchlich) verlief im Zuge der Schloßstraße, die auf der Abbildung von rechts oben am Landesgewerbemuseum vorbei zum unteren Bildrand verläuft.

In der unteren Hälfte des linken Bildrands sieht man das zu Beginn der dreißiger Jahre errichtete Gewerkschaftshaus, das nach dem Zweiten Weltkrieg nach rechts erweitert wurde.

Rechts vom Landesgewerbemuseum erkennt man die um einen Innenhof gruppierte Vierflügelanlage des sogenannten Hofdienergebäudes. Hofbaumeister Josef von Egle hatte es 1862 als zentrales Wohngebäude für die Bediensteten des Königlichen Hofes erbaut. Im Zweiten Weltkrieg wurde es vollständig vernichtet. Die in den siebziger Jahren auf diesem Gelände errichtete »Hofdiener-Garage« erinnert wenigstens im Namen an den Vorgängerbau.

Das Landesgewerbemuseum auf einer Ansichtskarte, um 1909.

»Reiche Vorstadt« und Innenstadt, um 1938 und am 7. Oktober 1971

Sechzig Grenzsteine

Vor der Zerstörung war die Gegend zwischen der am unteren Bildrand sichtbaren Hospitalkirche und der Stiftskirche durchgehend bebaut. Ebensolches galt auch für das Quartier zwischen Stiftskirche und Leonhardskirche. Beide Bereiche werden heute von breiten Straßenschneisen durchtrennt. Die Planungen für diese Straßendurchbrüche sind aber keine Folge der Flächenzerstörungen im Zweiten Weltkrieg, sondern gehen noch auf die späten dreißiger Jahre zurück. Das damals konzipierte Ringstraßensystem wurde im Zuge des Wiederaufbaus dann in wesentlichen Abschnitten tatsächlich verwirklicht.

Ein wichtiger Abschnitt dieser Planungen war die Verbreiterung der Roten Straße (heute Theodor-Heuss-Straße), die auf der Abbildung schräg zum rechten unteren Bildrand verläuft. Sie sollte nach dem Ausbau eine Breite von 43 Metern aufweisen. Als dann die Zerstörungen immer größere Ausmaße annahmen, wurde gar eine Erweiterung auf ungefähr 90 Meter diskutiert. Heute beträgt die Ausdehnung zwischen den beiden Häuserzeilen 48 Meter mit sieben Fahrspuren.

Im Gegensatz zu der im Hintergrund um Stiftskirche und Rathaus sichtbaren Altstadtbebauung wirkt der schachbrettartige Grundriß mit den regelmäßigen Hausquadraten ganz und gar nicht altertümlich, die in der zweiten Hälfte des 15. Jahrhunderts das Grundrißsystem der neu zu bauenden Stadterweiterung geprägt haben. Graf Ulrich der Vielgeliebte legte zunächst auf dem Gelände des ehemaligen Turnierackers durch die Auslegung von 60 Marksteinen zwei Straßenzüge an: die heutige Kronprinz- und die Calwer Straße.

Seine Nachfolger, unter diesen vor allem Graf Eberhard im Bart, erweiterten das neue Siedlungsgelände schließlich um ein Vielfaches bis zur heutigen Schloßstraße auf der einen und der Weimar- und Paulinenstraße auf der anderen Seite. Man kann verstehen, daß wohlhabendere Bürger bald der engen Altstadt entflohen und hier draußen auf großzügigerem Grundriß neue Häuser bauten, wo inmitten der Quadrate auch noch Raum für kleine Lustgärtchen blieb. Aufgrund dieser anderen Sozialstruktur wurde diese, »Obere«, »Turnieracker-« oder »Hospitalkirchenvorstadt« genannte Erwei-

Ein Bild von 1934: Zwischen Kanzlei- und Roter Straße hatte sich noch ein sogenannter Lustgarten mit kreuzförmigem Wegesystem erhalten.

terung bald auch als »Reiche Vorstadt« bezeichnet.

Bis zur Zerstörung waren hier noch manche Palais aus dem 16. bis 18. Jahrhundert erhalten, die Lustgärtchen freilich wurden spätestens in unserem Jahrhundert mit Hinterhäusern überbaut.

Nur wenig unterhalb des Stiftkirchenturmes bemerkt man auf der Vorkriegsabbildung zwei Straßenquadrate, die einheitlich von nur je einem Gebäude überbaut sind. Sie erscheinen hier in der sonst kleinstrukturierten Umgebung noch ungewöhnlich, beim Betrachten der aktuellen Luftaufnahme von 1971 jedoch fallen sie nicht mehr ohne weiteres ins Auge. Der linke Block ist die in den dreißiger Jahren des vergangenen Jahrhunderts errichtete »Neue Kanzlei«, unter deren linkem Flügel sich der Stiftskeller von 1576 hinzieht. Er wurde vor wenigen Jahren vorbildlich renoviert und ist seitdem als Verkaufsraum für Bademoden der Öffentlichkeit zugänglich.

Es ist heute kaum mehr vorstellbar, daß noch in den siebziger Jahren ernsthaft der Abbruch der Neuen Kanzlei diskutiert wurde, um an ihrer Stelle einen Spiel- und Erlebnisraum für Kinder anzulegen. Warum dafür ausgerechnet das Grundstück des nunmehr ältesten und repräsentativsten Gebäudes an der Königstraße ausgewählt wurde, ist den geschichtsbewußten Bürgern stets unverständlich geblieben.

Der blockhafte Bau rechts der Neuen Kanzlei ist der Mittnachtbau. Er wurde zwischen 1926 und 1928 auf dem Gelände verschiedener Einzelbauten errichtet.

Die hinter beiden Gebäuden sich entlangziehende Kronprinzstraße ist heute im Gegensatz zum Vorkriegszustand ebenso wie die Theodor-Heuss-Straße auf mehr als das Doppelte verbreitert. Der Grund dafür liegt allerdings nicht im fließenden, sondern im ruhenden Großstadtverkehr, denn unter der gesamten Straßenfläche wurden mehrere Parkgeschosse gebaut.

Das auf der alten Abbildung links unterhalb der Neuen Kanzlei sichtbare Straßengeviert war damals ausschließlich von Gebäuden für das Wirtschaftsministerium und den württembergischen Landtag bestanden. Hier befand sich das berühmte Landschaftshaus aus dem späten 16. Jahrhundert sowie der klassizistische Halbmondsaal (s. S. 26).

In Verlängerung des Hospitalkirchturms erkennt man ein mit einer kleinen Kuppel geschmücktes Eckgebäude. Es war dies das Obere Museum, den alten Stuttgartern noch wohlbekannt. Mehrere Jahrzehnte lang war es ein bekannter literarischer und musischer Treffpunkt. Zahlreiche berühmte Namen finden sich unter den Mitgliedern der »Museumsgesellschaft«. Über das Grundstück führen heute die Fahrspuren der Bundesstraße 27a (Theodor-Heuss-Straße) hinweg, die knapp außerhalb des unteren Rands der neueren Abbildung verläuft.

Der Kreuzganggarten des ehemaligen Dominikanerklosters (Hospitalkirche) besaß bis zur Zerstörung eine unverwechselbare Atmosphäre. (Foto um 1926.)

VICTORIA

Alter Postplatz und Innenstadt, um 1920

Einst Zentrum des Reiseverkehrs

Das Flugzeug, aus dem die Aufnahme gemacht wurde, befand sich ungefähr über der Silberburgstraße, etwa dort, wo einst das spätmittelalterliche Rotebühltor stand. Der Betrachter blickt auf die Stuttgarter Altstadt mit den beiden späteren Stadterweiterungen.

Als gerade Achse zieht sich die Königstraße von links oben zum turmgeschmückten Wilhelmsbau und von da die Marienstraße weiter bis zum rechten unteren Bildrand. Im linken Bilddrittel erkennt man die parallel zu dieser Linie verlaufenden Straßen der Oberen Vorstadt, und zwar ganz links die Rote Straße (heute Theodor-Heuss-Straße), dann die Calwer Straße und schließlich der Königstraße am nächsten die Kronprinzstraße. Von allen Dreien hat nur die Calwer Straße ihre Vorkriegsbreite, ja sogar noch ein paar alte Giebelhäuschen bis heute bewahrt. Die anderen beiden wurden auf Kosten einer Vielzahl von früher bebauten Grundstücken jeweils auf das Dreifache verbreitert.

Ganz links unten erscheint gerade noch ein Teil der Rotebühlkaserne, des heutigen Finanzamts. Rechts davon zieht sich in einem flachen Bogen die unterste Rotebühlstraße zur Königstraße hinunter. Auf dieser Trasse bewegte sich seit dem Spätmittelalter der Fernverkehr aus der Stadt hinaus in Richtung Westen – ob wandernde Handwerksburschen, bäuerliche Gespanne oder herrschaftliche Kutschen, alle mußten das »Nadelöhr« Rotebühltor passieren.

Der kleine Platz mit der Baumgruppe in der Mitte ist der Alte Postplatz. Schon der Name sagt, daß sich hier früher die Poststation befunden hat. Sie war in einem Haus auf der linken Seite untergebracht. Mit der Zeit waren um den Platz zahlreiche Hotels und Gasthöfe entstanden, da aller öffentliche Reiseverkehr seit der Mitte des 18. Jahrhunderts in dem Postgebäude Anfang und Ende hatte. Als jedoch von 1846 an die neue Eisenbahn der alten Pferdekutsche zunehmend Konkurrenz bot, verlagerten sich die gastronomischen Betriebe mehr und mehr in die Nähe des Bahnhofs in der Schloßstraße, wo sich schließlich wieder eine große Zahl von Hotels einrichtete.

Zwischen Wilhelmsbau und Rathaus erkennt man einen Häuserblock, der viel regelmäßiger erscheint als die sonst verwinkelte Altstadt. Es ist dies das beim Hirschgassenbrand 1761 in Flammen aufgegangene Viertel, welches anschließend nach einer Grundstücksumlegung großzügiger und moderner wiederaufgebaut wurde.

Die nordwestliche Seite des Alten Postplatzes Mitte der dreißiger Jahre.

Tagblatt-Turm, Schocken-Bau (Horten-Bau) und Geißplatzviertel, um 1929 und 1971

Neue Sachlichkeit – und was daraus geworden ist

Beide Gebäude im Vordergrund, die durch ihre klaren Architekturformen im damaligen Stadtbild recht fremd wirkten, haben den Zweiten Weltkrieg ohne nennenswerte Schäden überstanden. Trotzdem ist heute nurmehr der Tagblatt-Turm vorhanden.

Der inzwischen abgebrochene Warenhausbau war das in der Architekturgeschichte wohlbekannte Kaufhaus Schocken. Erich Mendelsohn hatte es in den Jahren 1926 bis 1928 an der Stelle des Speiselokals »Petersburger Hof« errichtet. Es galt in aller Welt als wegweisendes Beispiel für ein modernes Warenhaus. Ungeachtet der überall laut gewordenen Proteste gegen einen Abbruch des Gebäudes stimmte der Stuttgarter Gemeinderat am 1. Oktober 1959 den Forderungen des Kaufhauskonzerns zu und genehmigte den Abbruch. Dieser hatte bereits damit gedroht, im Falle einer Eintragung ins Denkmalbuch Schadenersatz in Millionenhöhe zu fordern, da ein Festhalten an dem veralteten Bau große wirtschaftliche Nachteile mit sich bringen würde. Auch die Stadt Stuttgart fand schließlich ein Argument für den Abbruch: Der Gemeinderat beschloß einstimmig die angeblich verkehrsnotwendige Verbreiterung der Eberhardstraße auf 22 Meter. Ende Mai 1960 war der Schocken-Bau abgerissen.

Der aus der gleichen Zeit stammende Tagblatt-Turm ist ein Werk E. Otto Osswalds und heute einer der wenigen unverfälscht erhaltenen Bauten der neuen Sachlichkeit in Stuttgart. Mit seinen 61 Metern Höhe war er das erste Hochhaus der Stadt. Auch hier gab es sogar noch in den siebziger Jahren Vorschläge, die zugunsten eines Einkaufszentrums den Abbruch des Turms mitsamt seiner Umgebung vorsahen. Inzwischen wurde das Gebäude in die Denkmalliste eingetragen, was alle weiteren Überlegungen in diese Richtung überflüssig macht.

Einen größeren Gegensatz zwischen neuem und altem Bauen kann man sich kaum vorstellen: Unmittelbar hinter dem Schokken-Bau lag die Milchstraße mit ihren noch aus dem Mittelalter stammenden Giebelhäusern. Heute erhebt sich an derselben Stelle das Horten-Parkhaus.

Rechts oberhalb des Schocken-Baus erkennt man auf der alten Aufnahme das Sanierungsgebiet um den Geißplatz. Unter der geistigen Führung Eduard Pfeiffers setzte der Stuttgarter »Verein für das Wohl der arbeitenden Klassen« hier gegen den entschiedenen Widerstand von Denkmalschützern die erste Flächensanierung der Innenstadt durch. Nach dem Abbruch der Altbauten, die teilweise aus dem 14. Jahrhundert stammten, errichtete Karl Hengerer zwischen 1906 und 1909 das neue Viertel. Dabei wurde nicht nur der überkommene Straßenverlauf – wenn auch etwas ver-

Die Giebelhäuser an der Milchstraße befanden sich gleich hinter dem Schocken-Bau. An ihrer Stelle steht heute das Horten-Parkhaus. (Foto von 1927.)

breitert – beibehalten, sondern ebenso auf traditionelle Architekturformen wie Erkervorbauten und Giebeldächer zurückgegriffen. Die Hausgrundrisse sowie alle Fassadendetails freilich entsprachen dem damals herrschenden Zeitgeschmack. Tatsächlich fällt das neue Innenstadtquartier auf dem Luftbild nicht aus der älteren Umgebung heraus.

Weitere Projekte wurden allerdings nicht in Angriff genommen, da der Ausbruch des Ersten Weltkriegs und die folgende Inflationszeit das Augenmerk auf andere Probleme lenkten. Das Geißplatzviertel ist im Zweiten Weltkrieg der völligen Vernich-

Restaurant
Schellmann

tung entgangen, so daß es später wiederaufgebaut werden konnte. Seit einigen Jahren gehen die Bestrebungen dahin, diesen einzigen erhaltenen Bereich der Kernstadt von den Verstümmelungen des allzu raschen Wiederaufbaus zu befreien und die äußere Erscheinungsform nach alten Plänen zu rekonstruieren. Seit einigen Jahren als Fußgängerzone ausgewiesen, zählt der zentrale Geißplatz mit dem malerischen Hans-im-Glück-Brunnen heute zu den behaglichsten Plätzen Stuttgarts überhaupt.

Auch die Umgebung des Tagblatt-Turmes bis hinüber zum Wilhelmsplatz (rechts außerhalb der Abbildungen) ist vom Krieg verhältnismäßig wenig betroffen worden.

Der bis 1928 von Erich Mendelsohn erbaute Schocken-Bau in der Eberhardstraße.

Vor allem der U-Bahn-Bau in den späten sechziger Jahren verursachte flächenhafte Abbrüche in dem bisher intakten Altbauviertel. Sensible und aufmerksame Passanten überkommt beim Durchgang durch die stummelhafte Torstraße ein unbehagliches Gefühl. Die Breite scheint zur Kürze in einem unnatürlichen Verhältnis zu stehen. Auch das Hegelhaus als Eckgebäude wirft bei Unkundigen Fragen auf. Seltsamerweise wissen nur noch wenige, daß bis zum Ausbau des unterirdischen Nahverkehrssystems die Torstraße eine nur ein paar Meter breite Gasse war und rechts an das Hegelhaus ein riesiges Eckhaus angebaut stand. Die Chance, die Torstraße sowie das Hegelhaus mit modernen Architekturelementen optisch einzufassen, scheint mittlerweile verspielt, und man muß sich mit den Verhältnissen wie sie nun einmal sind, abfinden.

Einen ähnlichen »zweckmäßigen« Umgang mit der Stadtstruktur erkennen wir im Bereich der Leonhardskirche. War sie früher von einheitlichen Giebelhäusern umgeben und infolge ihrer Höhe augenfälliges Zentrum der sie umgebenden Vorstadt, so steht sie heute, von Parkhäusern bedrängt, gleichsam als Störfaktor in der modernen Ordnung da. Spürbare Abhilfe in dieser unbefriedigenden Situation wäre wohl nur durch den Bau von »Stadthäusern« anstelle der Parkhäuser sowie durch eine Eingrenzung der Hauptstätter Straße zu schaffen. Obwohl mutige Stadtplaner seit einiger Zeit in diese Richtung denken, dürfte die Verwirklichung derartiger Träume noch lange auf sich warten lassen.

PHILIPS
AEG
NIVEA

Silberburg-/Marienstraße und Rotebühlkaserne, um 1940

Wo Schiller seinen »Wallenstein« schrieb

Dichte Wohnbebauung kennzeichnet das Areal, welches auf der Luftaufnahme zu sehen ist. Zwei Gebäude ragen durch ihre besondere Größe und Form heraus. Es sind dies im Vordergrund, am Fuße des Reinsburghügels, das Allianz-Verwaltungsgebäude und im Hintergrund die dreiflügelige Rotebühlkaserne (siehe Seite 72).

Die von links oben nach rechts unten das Bild querende Verkehrsader ist die Silberburgstraße. Sie ist die längste der wie mit der Schnur gezogenen Straßen des Stuttgarter Westens. Rechts unten zweigt in stumpfem Winkel die Marienstraße zum Stadtzentrum ab.

Das Gelände zwischen Allianz und Rotebühlkaserne wurde im 18. Jahrhundert vom sogenannten Hofküchengarten eingenommen. Er lag unmittelbar vor der Stadtmauer in freier, leicht ansteigender Landschaft. In ihm befanden sich neben gewöhnlichen Kräuterbeeten vor allem exotische Gewächse wie Orangen- und Kaffeebäumchen, aber auch Ananasstauden und Baumwollsträucher. Drei schattige Alleen durchzogen das Grundstück, auf dem es zur Belustigung der Besucher ferner zwei wasserführende Grotten gab.

Es wird berichtet, daß die Familie des Herzogs immer wieder in einem »Fürstlichen Lust- und Garten-Haus« gespeist habe. Dieses sogenannte Hofküchengartenhaus hat 1794 der herzogliche Garteninspektor Johann Caspar Schiller seinem Sohn Friedrich bei dessen Besuch in der Heimat als Wohnung angeboten. Hier hat der berühmte Schwabe dann an seinem »Wallenstein« und an den »Aesthetischen Briefen« gearbeitet. Das kleine Gebäude ist erst im Zweiten Weltkrieg zugrunde gegangen.

Nur wenig außerhalb des unteren Bildrandes stand einst die berühmte »Silberburg«, ein Ausflugslokal, das aus einem Adelspalais hervorgegangen war. Unmittelbar daneben errichtete um 1860 Georg Zorn seine elegante Privatvilla und leitete damit den Villenbau wohlhabender Bürger an den Abhängen des Reinsburghügels ein. Die wachsende Stadt hat jedoch so manches herrschaftliche Anwesen wieder verschlungen. Auch die Villa Zorn wurde bereits um die Jahrhundertwende zugunsten intensiverer Grundstücksausnutzung wieder abgebrochen. An ihrer Stelle entstanden die im Vordergrund sichtbaren Versicherungsgebäude.

Dieser Bereich des Stuttgarter Westens ist auch derzeit wie kein anderer von Veränderungen betroffen. Immer wieder werden alte Häuser abgebrochen und durch großflächige Neubauten ersetzt.

Die Kreuzung Silberburg- und Marienstraße um 1905.

Stuttgart-West, um 1933

In wenigen Jahrzehnten erbaut

Über einen Teil der Karlshöhe geht der Blick des Betrachters auf den breit ausladenden Talkessel des Stuttgarter Westens und zum Kamm des Kräherwaldes. Als größtes zusammenhängendes Neusiedelgebiet ist dieser Stadtteil vor allem in der Zeit zwischen 1850 und 1920 ausgebaut worden. Man findet hier auch heute noch fast alle damals zeitgemäßen Haustypen, Architekturformen und Baustile, da der Westen im Zweiten Weltkrieg von flächenhafter Zerstörung verschont geblieben ist.

Einst lagen hier draußen nur Wiesen und vereinzelte Gärten sowie ein Schießgelände. Etwa um 1900 waren die flacheren Kesselabschnitte überbaut, so daß bis 1920 die Straßen auch in ansteigenderes Gelände weitergezogen werden mußten. Die Überbauung der steilen Hänge bis zu den Hügelkämmen erfolgte schließlich bis zum Zweiten Weltkrieg.

Der geradezu langweilig regelmäßige Schachbrettgrundriß wurde nur an wenigen Stellen durchbrochen, so beispielsweise durch die Anlage der sich fast diagonal durchs Bild ziehenden Vogelsangstraße und der benachbarten Elisabethenstraße, die in ihrer Ausrichtung den längst verschwundenen Botnanger Weg zum Vorbild haben.

War zunächst nur die am Feuersee gelegene Johanneskirche als Pfarrkirche für den neuen Stadtteil vorgesehen gewesen, so zeigte sich mit der zunehmenden Siedlungsausdehnung, daß auch der äußere Bereich eigene Kirchen brauchte. Zunächst entstand am damaligen Siedlungsrand zwischen Bismarck- und Paulusstraße in den Jahren 1896/98 die neugotische Pauluskirche als zweites protestantisches Gotteshaus des westlichen Stadtteils. Städtebaulich reizvoller und interessanter war die erste katholische Kirche (Elisabethenkirche), die 1901 bis 1903 am Bismarckplatz erbaut wurde. Daß man diesmal den romanischen Baustil zum Vorbild nahm, ging auf eine ausdrückliche Empfehlung des Bistumsbauamts zurück. Vordem hatten die katholischen Einwohner entweder in der Eberhardskirche oder in der nähergelegenen Marienkirche den Gottesdienst besuchen können. Man sieht die beiden Kirchen auf der Luftaufnahme etwas über der Bildmitte.

Blick von der Rötestraße in die Bismarckstraße und auf die Pauluskirche im Jahre 1908. Die Bismarckstraße endet noch in freiem Gelände.

Gutenberg- und Rotebühlstraße mit Feuersee und Johanneskirche, um 1942

Romantische Kirche mit getarntem See

Am oberen Bildrand erkennt man den eindrucksvollen Komplex der Rotebühlkaserne, deren Gelände früher gerade noch innerhalb der Stadtmauer um die Obere Vorstadt lag. Das sogenannte Rotebühltor stand unmittelbar rechts des südwestlichen Kasernenflügels, der auf dem Bild dem Betrachter zugewandt ist. Von dort führte der Fernhandelsweg gen Westen zum Gäu und zum Schwarzwald.

Parallel zur Rotebühlstraße legte man 1857 die Ludwigstraße (am linken Bildrand), ein Jahr später die Gutenbergstraße (in der Bildmitte) an.

Markant ist das von Bäumen umgebene Areal zwischen der Gutenberg- und der Rotebühlstraße. Es erweckt den Anschein, als hätten sich dort Beete oder Felder befunden. In Wirklichkeit handelt es sich um den Feuersee, den man im Krieg zur Tarnung vor feindlichen Bomberpiloten mit Planen abgedeckt hatte.

Nach der Trockenlegung der Seen im Gebiet der heutigen Liederhalle und des Stadtgartens fehlte in Stuttgart ein stadtnahes Wasserreservoir, aus dem man bei einem Brand das rettende Naß hätte schöpfen können. So legte man 1701 den Feuersee an, indem man den Vogelsangbach aus dem Gebiet der oberen Schloßstraße hierher leitete. Gut 160 Jahre lang hatte er eine dreieckige Form. Wo heute das Lokal »Trollinger« seinen Biergarten aufgeschlagen hat – auf dem Bild bei der rechten hinteren Ecke des Sees –, zweigte in spitzem Winkel der Weg nach Botnang von der Straße nach Leonberg ab und führte etwa über die jetzige Halbinsel am Chor der Kirche vorbei auf den Betrachter zu. Dieser Weg bildete die Begrenzung der langen Seite des dreieckigen Sees.

Die nächtlich illuminierte Johanneskirche: ein romantischer Anblick.

Als um 1860 der Kirchenbauverein, der die Errichtung eines protestantischen Gotteshauses im Stuttgarter Westen betrieb, von dem ursprünglich ins Auge gefaßten Bauplatz an der Kreuzung Silberburg-/Marienstraße wieder abkam und dafür der Lage am Feuersee den Vorzug gab, entschied man sich, den See viereckig auszubauen und die Kirche auf eine Halbinsel zu stellen.

Der Architekt des Königsbaus, Christian Leins, wurde mit der Planung der Johanneskirche beauftragt. Die Grundsteinlegung erfolgte am 30. Oktober 1866. Der Kirchenbauverein hatte bis zu diesem Tag aus Staatsmitteln und Zuwendungen des Hofes, vor allem aber von privaten Spendern trotz der schweren Zeiten (1864 und 1866 war Krieg!) die enorme Summe von 123574 Gulden und 49 Kreuzer gesammelt.

Es war wohl das erste Mal, daß in einen Grundstein neben Feldfrüchten, Wein und verschiedenen Schriften auch »photographische Ansichten von Stuttgart« eingelegt wurden. Fast genau zehn Jahre nach der denkwürdigen Feier zur Grundsteinlegung konnte der neugotische Kirchenbau eingeweiht werden. Obwohl die Johanneskirche im Zweiten Weltkrieg schwer zerstört wurde, erinnert ein Blick von der Rotebühlstraße über den Feuersee auf den Chor des Gotteshauses auch heute noch an Darstellungen von Malern der Romantik. Der nach dem Vorbild des Freiburger Münsters errichtete Turm hat im Krieg seine Spitze verloren. Der Versuch, ihn durch eine Betonbrüstung nach oben optisch abzuschließen, muß als gescheitert gelten. Inzwischen wurden erste Stimmen laut, die sich für eine Rekonstruktion der oberen Turmhälfte einsetzen.

Blick von Westen auf die Innenstadt, 1926 und 1972

Der riesige Kasernenbau fällt heute kaum mehr auf

In der sonst bis an die Talränder eng bebauten Innenstadt fällt der riesige Dreiflügelbau der Rotebühlkaserne mit seinem kahlen Innenhof wie ein Fremdkörper ins Auge. Dabei muß man wissen, daß die Stadt erst allmählich um den Komplex herumgewachsen ist, der Bau der Kaserne also ursprünglich keinen Flächenverlust für Stuttgart bedeutete. Auf dem Gelände hatte Herzog Carl Alexander von Württemberg 1735 eine Seidenfabrik eingerichtet und dahinter Maulbeerplantagen für die Seidenraupenzucht angelegt. Wegen Veruntreuungen des Direktors kam das Unternehmen immer tiefer in Schulden, so daß der Betrieb schließlich eingestellt werden mußte. Um 1750 richtete man in den einstigen Fabrikgebäuden eine Kaserne ein, deren einer Flügel jedoch gegen Ende des Jahrhunderts abbrannte und nicht wiederhergestellt wurde.

Die Rotebühlkaserne entstand zwischen 1827 und 1843 anstelle der alten Fabrikgebäude und auf dem ehemaligen Plantagengelände in ihrer heutigen Form – unter anderem aus den Steinen der damals im Abbruch befindlichen Burg Kaltental. Bis 1918 als Kaserne genutzt, dient der Bau seitdem staatlichen Behörden als Sitz, unter anderem dem Stuttgarter Finanzamt. Was das Äußere des Baus angeht, hat nur der Mittelflügel eine Veränderung erfahren, als er nach schwerer Kriegszerstörung im Zuge des Wiederaufbaus um drei Geschosse aufgestockt wurde.

Immer wieder gab es Vorschläge, wie der weite Innenhof sinnvoll genutzt werden könnte. Sie fanden jedoch bei den Verantwortlichen kein Gehör. Statt dessen war vor einigen Jahren der Abbruch der Dreiflügelanlage, von denen jeder eine Seitenlänge von 150 Metern hat, ins Auge gefaßt worden, um an dieser Stelle ein ebenso gigantisches Projekt zu verwirklichen. Im Gespräch war, hier alle baden-württembergischen Ministerien in einem Behördenzentrum zusammenzufassen. Die Auffassungen haben sich inzwischen geändert, so daß der historische Bau derzeit nicht gefährdet zu sein scheint. Schon im Dritten Reich hatten die Machthaber beabsichtigt, den ganzen Komplex zu beseitigen und statt dessen auf einer Fläche von zehn Hektar ein sogenanntes »Gauforum« zu errichten. Das Kriegsende verhinderte diese Gigantomanie.

Auf der Abbildung von 1926 ist, oberflächlich betrachtet, keine Stadtstruktur zu erkennen. Ein gleichförmiges Häusermeer

Die einheitliche Fassade wurde nur am Mittelbau (links) durch plastischen Schmuck im Giebelbereich unterbrochen.

breitet sich vor dem Betrachter aus, nur vereinzelt sind markante und über die Masse herausragende Einzelbauten zu sehen, so zum Beispiel das Rathaus, die Leonhardskirche und der Turm des Graf-Eberhard-Baus. Vergeblich sucht man noch den Tagblatt-Turm und den Schocken-Bau, die auf Seite 62 zu erkennen sind.

An der Stelle des Hochhauses, das auf der neueren Abbildung unterhalb der Rotebühlkaserne an der Rotebühlstraße steht, befand sich bis 1881 das ehemalige Palais des herzoglichen Hofmarschalls von Wallbrunn. Dieser hatte den Barockbau um die Mitte des 18. Jahrhunderts unmittelbar vor der Stadtmauer beim Rotebühltor in seinem Privatgarten erbauen lassen. Die Lage war exquisit, denn auf der gegenüberliegenden Straßenseite dehnte sich der Lustgarten des Herzogs, der sogenannte Hofküchengarten, aus. Schon 1763 hat Wallbrunn das Anwesen verkauft, worauf der neue Besitzer in dem Gebäude die Gastwirtschaft »Zum Herzog von Württemberg« einrichtete. Die Straße, die von der Rotebühlstraße zum unteren Bildrand führt, trägt noch heute nach jenem Gasthaus den Namen Herzogstraße. Sie verläuft zudem über das Gelände des ehemaligen Biergartens.

Die auf dem Nachkriegsluftbild deutlich ins Auge fallende breite Paulinenstraße in der Verlängerung des unteren Kasernenflügels gehört zum sogenannten Innenstadtring. Sie stellt die Verbindung zwischen Theodor-Heuss-Straße und Österreichischem Platz her. Der noch auf die Nationalsozialisten zurückgehende Plan einer Ringstraße um den Stuttgarter Stadtkern hatte ursprünglich die Sophienstraße als Durchbruchsachse vorgesehen. Sie ist die nächste Parallelstraße oberhalb der Paulinenstraße.

Als weiteren Durchbruch erkennt man den völlig unförmigen Rotebühlplatz. Er zieht sich von der Paulinenstraße vor dem Rotebühlbau hin, knickt dann im rechten Winkel nach rechts um und reicht bis zur Königstraße am Wilhelmsbau. Nicht nur für Fremde ist die Benennung einer so geformten Asphaltfläche als »Platz« verwirrend. Nicht zuletzt diese Tatsache beweist die Unaufgeräumtheit der modernen Stadt, unterstützt durch den optischen Vergleich ihres Erscheinungsbildes auf den beiden Abbildungen.

Blick von Osten auf den Rotebühlbau im Jahre 1933, der mit über zwei Hektar eine enorme Fläche einnimmt.

Das ehemalige Palais des Hofmarschalls von Wallbrunn kurz vor dem Abbruch 1881.

Heslach und der Hasenberg, um 1940

Die einstige Ruhe ist dahin

Einer Zunge gleich schiebt sich der Rükken des Hasenbergs mit dem vorgelagerten Reinsburghügel in den Stuttgarter Talkessel hinein und trennt den westlichen Stadtteil vom Nesenbachtal mit Heslach.

Die auf dem Kamm des Bergrückens emporführende Hasenbergsteige empfinden wir auch heute noch als steil, aber wie beschwerlich war wohl für nicht motorisierte Fuhrwerke die Auffahrt! Jahrhundertelang verlief hier der Fernhandelsweg in Richtung Gäu und Schwarzwald. Dennoch war die Hasenbergsteige der bequemste Weg auf die Keuperhöhen um Stuttgart, denn er war übersichtlicher als das immer enger werdende Nesenbachtal und flacher als alle Pfade am westlichen Ende des Talkessels. Noch zu Beginn unseres Jahrhunderts standen beim Gänsepeterbrunnen am unteren Ende der Hasenbergsteige stets ausgeruhte Vorspannpferde bereit.

Die nach Heslach hin flacher abfallenden Hänge waren seit jeher mit Wein bepflanzt. Ihr Gewanname »Afternhalde« ist schon seit der Zeit um 1300 urkundlich belegt und läßt Rückschlüsse auf die Besitzverhältnisse zu. Der als »hintere Halde« zu übersetzende Begriff und das System der Zugangswege lassen vermuten, daß der Bereich zur Stuttgarter Gemarkung gehörte oder zumindest von dort aus bewirtschaftet wurde.

Die sich ganz oben am Hasenberg hinschlängelnde weiße Linie ist der Friedrich-Wertz-Weg, auch »Blauer Weg« genannt, der heute noch durch Obstwiesen führt.

Der nächst darunter sichtbare Weg wurde von 1932 an zu einer Straße mit Namen »Rebenreute« ausgebaut, und parallel dazu verläuft nun noch die Hohentwielstraße.

Im linken Teil des Bergrückens sieht man einen Eisenbahntunnel. Es reicht bis kurz vor den Westbahnhof und wird heute nur noch von Fernzügen der Gäubahnlinie durchfahren, nachdem die S-Bahn auf einer eigenen Tunneltrasse bis Vaihingen geführt wurde.

Bis auf die jetzt dichtere Hangbebauung hat sich im Heslacher Tal nichts grundlegend verändert. Noch immer gibt es nur zwei Straßen auf der Talsohle, und sicher wird aus dieser Perspektive jedermann klar, welch enorme Belastung der tägliche Autoverkehr für die Bevölkerung darstellt. Noch immer werden die Fahrzeugströme der Bundesstraße 14, in beide Richtungen getrennt, auf den zwei Straßen durch Heslach hindurch geführt. Die dritte, etwas erhöht verlaufende Böblinger Straße (links) dient der Stadtbahn als Trasse. Erst der zur Zeit noch im Bau begriffene Autotunnel in der rechten Bergseite wird Heslach wieder einen Teil der Ruhe zurückgeben, den man auf der Abbildung zu verspüren scheint.

1892 waren die Hänge um Heslach noch unbebaut. Vorne das Marienhospital.

Heslach, um 1927

Die Heslacher wollten keine Karlsvorstädter sein

Das im Vordergrund sichtbare Heslach wird optisch von Stuttgart durch den Marienplatz getrennt, da sich dort die Ausläufer des Haigsts (rechts) und des Reinsburghügels am nächsten kommen und das Tal einengen.

Der Bergabhang auf der rechten Talseite im Vordergrund heißt »Lerchenrain«. Dieser Begriff ist im Laufe der Zeit aus der Bezeichnung »Lorcher Rain« hervorgegangen. Urkundlich lassen sich hier Besitzungen des Klosters Lorch seit dem Jahre 1342 belegen. Ein weiterer Flurname in diesem Bereich, Burgstall, weist unzweifelhaft auf eine ehemalige Burganlage bei Heslach hin, über die jedoch nichts Näheres bekannt ist.

Heslach selbst tritt erstmals 1334 urkundlich mit diesem Ortsnamen auf, obwohl sich bereits seit dem 11. Jahrhundert elf Höfe in der Talniederung befunden haben sollen. Der alte Kern Heslachs liegt links vorne etwas erhöht über der Talsohle und damit in früheren Zeiten vor den Hochwassern des Nesenbachs geschützt.

Die Gegend zwischen Stuttgart und Heslach war lange nichts weiter als eine vom Nesenbach durchflossene Wiesenlandschaft. Hier und da stand eine Mühle, und in der Nähe des jetzigen Marienplatzes gab es eine Ziegelei.

Ein erster Plan für das Zusammenwachsen von Stuttgart und Heslach wurde 1837 angefertigt; er kam jedoch nicht zur Ausführung. Auf einem nur vier Jahre später ausgearbeiteten zweiten Ortsbauplan ist dagegen die Möhringer Straße bereits in ihrem heutigen Verlauf eingezeichnet. Aber erst nach 1850 begann sich Stuttgart in Richtung Heslach auszudehnen, und in den späten sechziger Jahren setzte ein Bauboom ein, so daß innerhalb kurzer Zeit neben dem Marienplatz fast alle heute im Talgrund verlaufenden Straßen angelegt wurden.

Nun sollte das neue Heslach statt der kleinen, im alten Ortsmittelpunkt gelegenen Dorfkirche einen stattlichen neuen Kirchenbau erhalten. Adolf Wolff errichtete ihn in romanischem Stil inmitten der vom Marienplatz nach Heslach führenden Möhringer Straße. Nach der Einweihung dieser später nach dem Evangelisten Matthäus benannten Kirche am 11. Dezember 1881 wurde das nun überflüssige alte Kirchlein abgerissen. Es stand auf dem heutigen Bihlplatz.

Schon 1874 hatte Heslach zusammen mit Berg die Bezeichnung Vorstadt erhalten, und am 20. Juni 1889, drei Tage vor dem 25jährigen Regierungsjubiläum König Karls von Württemberg, wurde der ehemalige Weiler zu Ehren des Königs in »Karlsvorstadt Heslach« umbenannt. Die neue Namensgebung konnte sich jedoch nie richtig durchsetzen, so daß sie seit 1919 weggelassen und offiziell in den dreißiger Jahren wieder abgeschafft wurde. Heute gibt es auf dem Papier nicht einmal einen Stadtteil Heslach; verwaltungstechnisch gehört das Gebiet zu Stuttgart-Süd.

In der Mitte des Bildes läuft die Möhringer Straße auf den Betrachter zu, und man sieht in ihrer Mitte als Blickfang an der kreuzenden Schreiberstraße die Matthäuskirche. Ihr städtebaulicher Reiz wird jedoch erst nach Eröffnung des Tunnels für die Bundesstraße 14 wieder voll zur Geltung kommen, da gegenwärtig täglich noch Zigtausende von Fahrzeugen an ihr vorüberrasen, ohne im Rückspiegel einen Blick auf sie werfen zu können. Die links sichtbare Böblinger Straße führt durch das alte Ortszentrum am Bihlplatz vorbei und wird heute in der Hauptsache von der Stadtbahn befahren.

Links von der Matthäuskirche, am Hang zwischen dem Hasenberg und der Karlshöhe, sieht man ein planiertes Gelände. Zum Zeitpunkt der Aufnahme hatte man gerade mit den Bauarbeiten für das Stadtbad begonnen, das 1929 als größtes Hallenbad Deutschlands eingeweiht werden konnte. Die beiden markanten Blöcke unmittelbar links davon gehören zur Schickhardtschule, die schon 1912 von Oskar Pantle gebaut worden war.

Am rechten Bildrand in der Mitte sieht man die von der Stadt Stuttgart 1926 errichtete Siedlung »Eiernest«. Sie umfaßt knapp 200 Einzelwohnungen. Der Name wurde bis ins 17. Jahrhundert ausschließlich als »Arnest« geschrieben, so daß eine Verbindung zu Eiern nicht in Frage kommt. Vielmehr bedeutet die Vorsilbe »Ar-« Adler, was entweder auf Nistplätze dieses Vogels oder auf die nestartige Gewannlage hinweist.

Marienhospital, um 1940

Dauerbaustelle

Über spätere An- und Nebenbauten fällt der Blick auf die Rückseite des sogenannten Marienbaus des Marienhospitals an der Böheimstraße. Nachdem seit 1866 zwei Schwestern des Ordens vom Hl. Vinzenz von Paul in Stuttgart in der Krankenfürsorge tätig gewesen waren, konnten sie endlich 1875 in der Silberburgstraße 160 die ehemalige Villa Harpprecht aufkaufen und darin ein kleines Krankenhaus eröffnen. Die erforderlichen Gelder hatte ein Spendenkomittee unter dem Prinzen Hermann von Sachsen-Weimar zusammengebracht. Aber schon bald erwies sich das Gebäude als zu klein, und ein neues Komittee unter dem Vorsitz des Fürsten Wilhelm von Waldburg-Zeil sammelte für einen Neubau.

Nun wurde dem damals in Suttgart vielbeschäftigten Architekten Robert von Reinhardt der Auftrag erteilt, auf einem mehr als 150 Ar großen Grundstück im Stuttgarter Süden einen zeitgemäßen Krankenhaus-Neubau zu errichten. Am 21. Juni 1890 konnte es eingeweiht werden. Aber auch dieser Neubau wurde schon bald den Anforderungen nicht mehr gerecht, so daß allein bis 1918 fünf Ergänzungsbauten notwendig wurden.

Das ursprüngliche Reinhardtsche Gebäude ist keineswegs, wie man meinen könnte, das niedrige und schlichte Gebäude mit dem Baumrondell im »Hinterhof«. Vielmehr handelt es sich um den historistischen Bauteil links oben davon. Es besteht aus einem Mittelbau, der aus der Fassade hervortritt und von zwei spitzen Dachaufbauten bekrönt wird. Zu beiden Seiten erkennt man die achteckigen Krankensaalbauten, welche mit dem Hauptbau durch kleinere Gebäudeflügel verbunden sind. Dem Betrachter zu sind den Zwischenbauten breite Veranden vorgelagert zur Frischlufttherapie der Patienten.

Das Reinhardtsche Marienhospital an der Böheimstraße kurz nach der Fertigstellung.

Als zu Beginn der siebziger Jahre unseres Jahrhunderts die zahlreichen Gebäude des Marienhospitals einem modernen Krankenhausbetrieb nicht mehr zu genügen schienen, begannen wieder einmal Überlegungen für einen funktionstüchtigen Neubau. Nachdem 1974 auch das Landesdenkmalamt dem Abbruch des Marienbaus zugestimmt hatte, rührten sich in der Bevölkerung und bei Sachverständigen Stimmen, die eine Erhaltung forderten.

Bei einer erneuten Untersuchung stellte sich heraus, daß die denkmalsgerechte Renovierung des Altbaus Mehrkosten in Höhe von fünf Millionen Mark verursachen würde, was man dem kirchlichen Träger jedoch nicht zumuten wollte. Das Schicksal des Gebäudes schien besiegelt. In allerletzter Minute – die an die Rückseite des Mittelteils angebaute Kapelle war bereits abgebrochen – erklärte sich die Landesregierung von Baden-Württemberg bereit, die inzwischen noch höher angesetzten Mehrkosten zu übernehmen und dadurch die Erhaltung des Marienbaus zu gewährleisten.

Unmittelbar hinter dem inzwischen vorbildlich wiederhergestellten Gebäude wurden alle auf dem Bild sichtbaren Baulichkeiten beseitigt und durch einen kubischen Hochhausblock ersetzt; ein zweiter befindet sich im Bau.

Karlshöhe und Marienplatz, 1927

Ohne »Akropolis«

Die engste Stelle im Nesenbachtal läßt gerade noch Raum für den Marienplatz (rechts) und je eine Häuserzeile auf beiden Seiten. Unmittelbar dahinter steigt das Gelände sofort an.

Am unteren Bildrand erkennt man die auf den Haigst und nach Degerloch führende Alte Weinsteige sowie einen Zug der Zahnradbahn.

Der Reinsburghügel jenseits des Tales muß als idealer Bauplatz für eine Burg betrachtet werden, denn von keinem Punkt im Stuttgarter Talkessel ist der Rundblick so umfassend möglich wie von dort oben. Auch die einem Halsgraben nicht unähnliche Einkerbung zum Hasenberg hin sowie die Tatsache, daß bereits seit dem 14. Jahrhundert auf dem Hügel Steine gebrochen wurden, könnten als ein Hinweis auf eine Burganlage dienen. Der Name »Rainburg« ist jedenfalls 1286 erstmals urkundlich greifbar – genaueres weiß man nicht ...

Jahrhundertelang waren die Abhänge mit Reben bepflanzt, und noch heute gibt es in Südlage einen kleinen Weinberg in städtischem Besitz. Erst in den letzten Jahren des 18. Jahrhunderts entstand ein größeres Gebäude an der Reinsburg. Ein Freiherr von Irmtraut errichtete ein zweigeschossiges Lusthaus, aus dem sich mit der Zeit die berühmte Silberburg entwickelte, ein Ausflugslokal und später Treffpunkt der angesehensten Leute der Stadt.

Das älteste noch erhaltene Haus auf der Reinsburg stammt aus der Zeit um 1850. Es ist das oben ganz links zwischen Bäumen sichtbare »Schweizerhaus« der aus Basel stammenden Fabrikantengattin Sophie Knosp. Bald kauften weitere wohlhabende Bürger große Teile des Reinsburghügels auf, legten repräsentative Gärten an und erbauten darin stattliche Villen.

Als sich die Stadt immer weiter nach Westen ausdehnte, wollte eine Stuttgarter Baugesellschaft den ganzen Hügel überbauen. Dazu sollte eine elegante Fahrstraße in Serpentinen auf die Höhe führen und die Grundstücke erschließen. Der Finanzkrach des Jahres 1873 vereitelte das Projekt.

Schon 1864 hatte der Stuttgarter Verschönerungsverein auf dem Gipfel des Reinsburghügels aus Anlaß der Regierungsübernahme König Karls in dem einstigen Steinbruch die »Karlslinde« gepflanzt. Ein Vierteljahrhundert später wurde dort die noch heute existierende Grünanlage mit dem romantischen Brückchen angelegt und zur selben Zeit der Hügel nach dem König »Karlshöhe« genannt.

Die einzige Straße auf den Hügel ist 1896 in Gestalt der Humboldtstraße entstanden. An ihr wurden in der Folge mehrere Privathäuser errichtet. Der zur Stuttgarter Innenstadt hin abfallende Hang war jedoch noch immer in der Hand des Fabrikanten Gustav Siegle. Nach und nach baute seine Familie auf dem riesigen Anwesen mehrere Villen, Laubengänge und ein Teehaus. Am rechten Bildrand erkennt man die in diesem Zusammenhang bis 1910 gebaute Villa Gemmingen. Fast das gesamte Areal ist heute in öffentlichem Besitz und der Bevölkerung zugänglich.

Ebenso, wie man sich auf dem Reinsburghügel eine Burganlage vorstellen kann, wären auch andere Großprojekte dort oben in jüngerer Zeit zu verwirklichen gewesen. Mehrfach wurde der Traum einer »Stadtkrone« in Form eines repräsentativen Gebäudes geträumt. 1903 hat der bekannte Architekt Theodor Fischer auf der Karlshöhe den Bau des Polytechnikums angeregt, und wenig später machte sich eine Gruppe engagierter Musikfreunde zum Ziel, den Hügel mit einer akropolisähnlichen Konzerthalle zu bekrönen. Die Pläne dafür waren bereits ausgearbeitet und genehmigt, als der Ausbruch des Ersten Weltkriegs das Projekt zunichte machte.

Die bisher letzten derartigen Überlegungen stellten die Nationalsozialisten an: Sie beabsichtigten, dort oben ein gigantisches Rundfunkhaus zu bauen.

Zur besseren Verkehrsanbindung Heslachs an den Stuttgarter Westen erfolgte 1896 der Bau des Schwabtunnels. Er ist links unterhalb der Höheneinkerbung zu sehen. Seine monumentalen Tunnelportale wurden erst jüngst wieder vom Bewuchs freigelegt und restauriert. Am linken Bildrand fällt wieder der planierte Bauplatz für das Heslacher Stadtbad auf. Wegen des gipshaltigen Baugrundes wurde die Schwimmhalle auf 500 Stahlbetonpfählen als Skelettbau errichtet; sie soll demnächst grundlegend saniert werden.

Tübinger Straße, Paulinenstraße, Marienkirche und Furtbachhaus, um 1940

Wo man früher den Nesenbach staute

In der rechten oberen Ecke beginnt die Tübinger Straße bei der Königstraße und zieht sich zum unteren Bildrand. Doch das war nicht immer so. Die Anfänge der Tübinger Straße fallen ins erste Jahrzehnt des vergangenen Jahrhunderts, als König Friedrich zur Ansiedlung der mit Feuer arbeitenden Handwerker und der Gerber hier draußen vor den Stadtmauern zu beiden Seiten des Nesenbachs die »Tübinger Vorstadt« anlegen ließ. Da der verlängerten Hauptstätter Straße, die rechts außerhalb des Bildes verläuft, der Vorrang gebührte, wurde an ihrem Ende beim sogenannten Lindle (heute etwa die Gegend des Österreichischen Platzes) ein neues Stadttor gebaut. Um dorthin zu führen, knickte die Tübinger Straße an ihrem damaligen Ende in einem stumpfen Winkel nach links (vom Betrachter des Bildes her gesehen nach rechts) um. Dieser Straßenknick ist rechts in der Mitte zu erkennen. Erst später, als die Tübinger Straße auf den Betrachter zu verlängert wurde, hat man das abgewinkelte Straßenstück der von links oben ins Bild kommenden Paulinenstraße zugeschlagen.

Das war gegen Ende des vorigen Jahrhunderts. In noch früheren Zeiten floß von links unten nach rechts oben quer durch den Bildausschnitt der Nesenbach. Etwa an der Kreuzung Tübinger/Paulinenstraße gab es eine Furt über den Wasserlauf, daher auch die Bezeichnung »Furtbach«. Um von Zeit zu Zeit mit einem Wasserschwall das meist verschmutzte Bachbett säubern zu können, staute man 1811 den Nesenbach hier draußen zu einem kleinen See auf, der je nach Bedürfnis abgelassen werden konnte.

Am Rande dieses ehemaligen Seegrunds errichtete Josef Egle im Auftrag des Katholischen Kirchenbauvereins bis 1879 die Marienkirche, als deren Vorbild die ebenfalls doppeltürmige Marburger Elisabethkirche gilt. Da sich zwischen der Einweihung der Eberhardskirche an der Königstraße im Jahre 1811 und den fünfziger Jahren des letzten Jahrhunderts die Zahl der Katholiken in Stuttgart mehr als verdreißigfacht hatte, wurde damals der Bau einer zweiten Kirche immer dringlicher. Der 1862 gegründete Kirchenbauverein brachte schließlich die erforderlichen Gelder zusammen.

Ansicht der Marienkirche aus der Tübinger Straße um 1905.

Bis in die Nachkriegszeit war die Sichtachse aus der Tübinger Straße auf die Hauptfassade der Marienkirche ungebrochen. Die 1960 dem Verkehr übergebene Paulinenhochstraße hat die Kirche jedoch optisch von der Innenstadt abgeschnitten.

Auf zwei Seiten ist der Platz um die Kirche noch mit den ursprünglichen Bauten besetzt. Auf der Abbildung sieht man links das heute als Krankenhaus genutzte Furtbachhaus. Es wurde 1905 von Heinrich Dolmetsch als CVJM-Heim errichtet und war nach dem Zweiten Weltkrieg zeitweise Tagungsort des Landtags von Württemberg-Baden. Am 24. Oktober 1946 wurde hier die bis zur Gründung des Südweststaates 1952 gültige Verfassung verabschiedet. Gegenüber dem Chor der Kirche erhebt sich seit 1885 als zweites humanistisches Gymnasium in Stuttgart das Karlsgymnasium.

Das rechts unten in der Abbildung sichtbare Gelände zwischen der Paulinenstraße und der auf das Querschiff der Kirche zustoßenden Kurzen Straße (heute Feinstraße) wurde nach dem Zweiten Weltkrieg in moderner Weise überbaut. Trotz oder gerade wegen der Straßenbrücke ist der Platz um die Marienkirche auch heute noch ein relativ ruhiger Bereich.

Charlottenplatz, um 1937

Dem Straßenverkehr geopfert

Drei in ihrem Erscheinungsbild deutlich zu unterscheidende Bereiche sind hier sichtbar: ganz im Vordergrund das dichte Gewirr von Giebelhäusern der Leonhardsvorstadt, darüber die weit ausladenden Gebäude des Hofes und im Hintergrund, zwischen Königsbau und Hauptbahnhof, moderne blockhafte Geschäftshausbebauung.

Bis heute erhalten und daher zur Orientierung greifbar sind unter anderem das Breuninger-Hochhaus in der linken unteren Bildecke, das Alte und das Neue Schloß sowie das Große Haus der Württembergischen Staatstheater rechts oben.

In der Mitte erkennt man das ebenfalls noch vorhandene Alte Waisenhaus, dessen unregelmäßig viereckiger Baukörper heute vor allem das Institut für Auslandsbeziehungen beherbergt. Der kastenförmige Baublock davor ist das sogenannte Hotel Silber. Zu jener Zeit war es Sitz der gefürchteten Stuttgarter Gestapo-Zentrale. Nach dem Zweiten Weltkrieg wurde das Gebäude stark vereinfacht wiederaufgebaut und in den Jahren 1986 bis 1988 für das Innenministerium erneut tiefgreifend umgebaut.

Wer nur den heutigen Charlottenplatz kennt, blickt verwundert auf die behagliche Kleinräumigkeit auf der um 1937 entstandenen Abbildung. Der Charlottenplatz – von Juni 1934 an trug er für elf Jahre den Namen »Danziger Freiheit« – war damals nicht nur optisch, sondern auch funktional in zwei Bereiche geteilt. Während die keilförmige Grünanlage bei der Planie eher parkartigen Charakter hatte und von einer Straßenbahnschleife durchzogen wurde, war der untere, ebenfalls baumbestandene Platzabschnitt durchweg gepflastert. Um einen Brunnen in der Mitte standen Bänke, und regelmäßig fand hier der Häfelesmarkt statt. Bis zu seiner Umgestaltung zur Großverkehrskreuzung zu Beginn der sechziger Jahre war der Charlottenplatz in dieser Form erhalten. Der Brunnen – ein Werk von Hofbaumeister Thouret aus dem Jahre 1812 – blieb seitdem trotz Nachforschungen spurlos verschwunden.

Im Vordergrund erkennt man, vom Charlottenplatz herführend, die Esslinger Straße. Das ganze Geviert zwischen ihr und dem Hotel Silber ist heute leergefegt und zur Stadtautobahn umgewidmet. Es war jedoch nicht ausschließlich der Bombenhagel des Zweiten Weltkriegs, der diesen Kahlschlag bewirkt hat. Schon seit 1937 hatte der Gemeinderat Planungen für ein neues Rathaus verfolgt, für dessen Bau neben dieser Häuserzeile auch noch weite Teile des Bohnenviertels eingeebnet worden wären. Ähnliche Vorhaben wurden von der Stadtverwaltung bis in die siebziger Jahre verfolgt. Auf dem Gelände des Bohnenviertels wollte man als Betonterrassenbau das Technische Rathaus errichten. Als eine der ersten Maßnahmen im Zuge der von den Nationalsozialisten vorgesehenen Neuordnung Stuttgarts war ein Ringstraßensystem geplant. Zur Herstellung des erforderlichen Straßendurchbruchs zwischen Charlottenplatz und Hauptstätter Straße wurde im Mai 1938 mit dem Abbruch des halben Quartiers begonnen. Im August des folgenden Jahres war die Holzstraße in ihrer Breite verdreifacht und für den Durchgangsverkehr befahrbar. Die andere Hälfte des Gevierts wurde dann wenig später von den Bomben zerstört.

Jenseits des Charlottenplatzes erkennt man hinter dem Neuen Schloß die vierflügelige einstige Hohe Carlsschule, wo Friedrich Schiller Medizin studiert und seine Räuber geschrieben hat. Die jetzige Konrad-Adenauer-Straße wurde in den sechziger Jahren so weit verbreitert, daß sie nun über die ganze Grundfläche des an der ehemaligen Neckarstraße gelegenen Gebäudeflügels hinwegführt. Der langgestreckte Seitentrakt am Charlottenplatz stünde heute ebenfalls mitten auf der Straße. Nur der sogenannte Akademiebrunnen von Thouret hat seinen alten Platz behalten und steht jetzt frei im Gelände.

Erst in jüngster Zeit wurden wieder Stimmen laut, die den Hofcharakter um den Brunnen wiederherstellen wollen. Denn nur eine Abgrenzung der Grünzone von der Stadtautobahn kann ihr die Eigenständigkeit zurückgeben. Dabei könnte zum Beispiel an eine rechtwinklige Straßenrandbebauung gedacht werden, die den Akademiegarten zwischen Neuem Schloß und Landtag zu einer besonderen Ruhezone werden lassen würde. Einzig eine Eingrenzung der Konrad-Adenauer-Straße kann ihr die städtebaulich brutale Erscheinung nehmen.

Bau des Wagenburgtunnels, Sommer 1941

Riesiger Luftschutzstollen

Auf dem Luftbild erkennt man am unteren Rand die Dächer der beiden Württembergischen Staatstheater und darüber den Flügelbau der Staatsgalerie. Die rechts anschließenden vier Wohnhäuser an der Neckarstraße stehen dort, wo sich heute die Neue Staatsgalerie und das Kammertheater erheben.

Unmittelbar dahinter am Hang bemerkt man die Akademie der Bildenden Künste und jenseits der Straße, am Urbansplatz, die Musikhochschule mit ihrem danebenliegenden Konzertsaal. Beide Gebäude wurden im Krieg zerstört.

Die Großbaustelle in der Bildmitte hinter der Staatsgalerie gehört zum damals bedeutendsten Tiefbauvorhaben in Stuttgart, dem Wagenburgtunnel. Nicht in erster Linie die Verkehrsbedürfnisse, sondern die Notwendigkeiten des Luftschutzes hatten die entsprechenden Planungen in Gang gebracht. Nachdem sich der Gemeinderat am 21. November 1940 für den Tunnelbau ausgesprochen hatte, wurde im Frühjahr des darauffolgenden Jahres mit den Bauarbeiten begonnen. Dazu mußten an der Urbanstraße einige Häuser abgerissen und die Straße unterbrochen werden.

Bereits im August 1941 war ein Richtstollen auf 150 Meter Länge in den Berg getrieben, sechs Monate später wurde er fertiggestellt. Obwohl der Wagenburgtunnel vor Kriegsende nicht mehr auf der ganzen Länge zum vollen Querschnitt ausgebaut wurde, konnte er doch schließlich bis zu 20000 Menschen Schutz bieten. Insgesamt fünf Zugänge führten zu den zweigeschossig angelegten Röhren.

Erst in den frühen fünfziger Jahren wurden die Arbeiten fortgesetzt, diesmal allerdings aus Gründen der Verkehrserschließung. 1952 erfolgte der endgültige Tunneldurchbruch, zwischen 1954 und 1958 dann der Ausbau als Autotunnel. Seit der Einweihung am 17. März 1958 ist die 824 Meter lange unterirdische Straßenverbindung aus dem Verkehrssystem Stuttgarts nicht mehr wegzudenken.

Im linken Bilddrittel erkennt man zwischen der augenfällig den Berg hinaufführenden Landhaus- sowie der unteren Neckarstraße einen hoch aufragenden Schornstein. Er gehört zur Brauerei Wulle, nach der das sogenannte Wulle-Gelände seinen Namen hat. Die Brauereigebäude wurden nach dem Verkauf der Firma in den siebziger Jahren abgebrochen. Lange lag das Gelände brach, und erst 1986 bis 1988 wurden hier ein Hotel und zwei Ministeriumsneubauten errichtet.

Im Jahre 1900 zog das Konservatorium für Musik in die ehemalige Villa Schönlein am Urbansplatz. Links wurde wenig später ein Konzertsaal angebaut.

Raitelsbergsiedlung, 1929; Wagenburgschule, 1923

Tradition und Moderne im Osten

Zum Luftbild unten: Auf einem sanft zum Neckar hin abfallenden Gelände, das schon im Mittelalter als »Raitelswengert« erwähnt wurde, erbaute zwischen 1926 und 1928 das Hochbauamt der Stadt Stuttgart nach einem Entwurf von Albert Daiber die Raitelsbergsiedlung. In den langgesteckten drei- und viergeschossigen Gebäuden wurden insgesamt 804 Wohneinheiten für über 2000 Bewohner eingerichtet. Nur in der Mitte der Siedlung ragt ein siebengeschossiges Hochhaus über die übrige Bebauung hinaus. Sowohl optisch als auch funktional bildet es das Zentrum, da sich dort das Lebensmittelgeschäft der Siedlung befindet.

Die markante Raitelsberg-Schule im Vordergrund wurde 1929 vollendet.

Zum Luftbild rechts: Über die 1913/14 von Martin Elsässer errichtete Wagenburg-Schule geht der Blick auf die Innenstadt. Rechts unmittelbar außerhalb des Bildrandes erhebt sich die Uhlandshöhe, an deren Hangfuß man die burgartige Villa Hauff sieht (heute Jugendhaus Ost).

Etwa in dem Bereich in der Bildmitte hatte der deutsche König Rudolf von Habsburg 1286 seine »Wagenburg« aufgebaut, als er mehrere Wochen lang die württembergische Stadt Stuttgart belagerte. Von diesem Ereignis rührt die Flurbezeichnung sowie der davon abgeleitete Schul- und Straßenname her. Das Luftbild vermittelt einen Eindruck, wie der König damals das allerdings noch sehr viel kleinere Stuttgart beobachten konnte.

Gänsheide, um 1930; Siedlung »Im Geiger« und Sommerrain, um 1935

Einfamilienhäuser für Herren und kleine Leute

Zum Luftbild unten: Schon 1764 hatte der Stuttgarter Gemeinderat angeordnet, die karge Gablenberger Heide mit Kastanien- und Nußbäumen zu bepflanzen. Gebäude entstanden erst im 19. Jahrhundert. Eines der ersten war das »Heidehaus« des Schriftstellers Friedrich Wilhelm Hackländer, das 1847 bezugsfertig war. Es wurde zu einem Treffpunkt zahlreicher berühmter Stuttgart-Besucher, wie man aus dem erhaltenen Gästebuch Hackländers ersehen kann.

1909 kaufte Robert Bosch das Anwesen, ließ das Heidehaus abbrechen und an dessen Stelle seine großzügige Privatvilla errichten, die auf der Abbildung ganz unten zu sehen ist. Links oben erkennt man das damals noch als eigenständige zusammenhängende Siedlung in das Tal eingebettete Gablenberg. Heute ist die Trennung nicht mehr so scharf, da die Hänge inzwischen ebenfalls bebaut sind.

Zum Luftbild rechts: Vom linken Rand führt die Nürnberger Straße nach rechts oben stadtauswärts.

Im Vordergrund liegt die Siedlung »Im Geiger«, die um 1930 als Wohngebiet ausgewiesen wurde. Vordem standen hier nur ein oder zwei Häuser inmitten ausgedehnter Gärten. Die Straße am unteren Bildrand ist die Remstaler Straße, die bergan abzweigende die Lorcher Straße.

Die Ansammlung kleiner Häuser im Hintergrund ist die ab 1933 neu erstellte Siedlung im Sommerrain. Der Bau von 76 Einfamilienhäusern durch die Schwäbische Siedlungsgesellschaft dauerte im Sommer 1933 gerade vier Monate.

Was auf der Abbildung noch neu und nackt erscheint, ist mittlerweile hinter den Bäumen und Sträuchern kaum mehr zu entdecken.

Burgholzhof, um 1933

Ausflugsziel und Militärgelände

Fliegen wir gewissermaßen eine Schleife über Cannstatt! – Die Hochfläche um den im Vordergrund sichtbaren Burgholzhof hieß früher »Wolfsbergheide«. Dieser alte Name erscheint noch heute in der Bezeichnung »Wolfersberg« für den von dort oben nach Cannstatt hin abfallenden Weinberghang.

Erst der Bau des Gutshofs 1831 brachte die Umbenennung der Gegend in »Burgholzhof« nach einem in der Nähe liegenden Gewann Burgholz, das wahrscheinlich einst zur unterhalb gelegenen Altenburg gehört hat. Der Hof diente als Mustergut für Obsterzeugung und wurde 1852 Hofdomäne. Seit 1866 war in einem der Gebäude eine Gastwirtschaft eingerichtet, die den etwa 350 Meter hoch gelegenen Aussichtspunkt zu einem beliebten Ausflugsziel werden ließ. 1891 erbaute der Verschönerungsverein Cannstatt dort oben den Burgholzhofturm. Er ist am linken Bildrand hinter dem eingezäunten Gelände sichtbar. Nach dem Zweiten Weltkrieg wurde der massive Turm erst 1987 nach gründlicher Renovierung wieder der Öffentlichkeit zugänglich gemacht.

Der Burgholzhof-Turm im Bau, 1891.

Der eigentliche Burgholzhof dagegen wurde 1934 abgerissen, da die Nationalsozialisten in den folgenden Jahren an seiner Stelle einen Kasernenkomplex errichteten. Schon 1927 hatte man den bis dahin auf dem Wasengelände eingerichteten Exerzierplatz auf die weitläufige Hochfläche des Burgholzhofes verlegt.

Jenseits der von rechts nach links führenden Allee, der heutigen Auerbachstraße, ist dann eine Gaststätte entstanden, die noch jetzt die Tradition des alten Burgholzhofs fortsetzt. Die 1938 »Flandernkaserne« benannten Militärbauten wurden nach dem Zweiten Weltkrieg von den Amerikanern beschlagnahmt und dienen diesen seither unter dem Namen »Robinson Barracks« als Stützpunkt.

Am Ende des Abhanges erkennt man links eine Reihe niedriger Wohnblocks. Es handelt sich dabei um die Hallschlag-Siedlung, die der Architekt Paul Schmitthenner ab 1920 im Auftrag der Stadt erbaut hat. In diesem Bereich lag einst das Cannstatter Römerkastell, dessen Fundamente beim Bau der Dragonerkaserne 1908 bis 1910 freigelegt und untersucht wurden. Unweit davon befand sich bis ins 16. Jahrhundert die Altenburger Kirche. Sie war dem Heiligen Martin geweiht und die Urkirche des ganzen Stuttgarter Gebiets. Sie stand auf dem Boden des heutigen Steigfriedhofs, der wohl in der Folge des einstigen Martinskirchhofs angelegt worden ist.

Weiter rechts sieht man die Siedlung Darmstädter Straße/Mannheimer Straße/Sparrhärmlingweg, darüber die Altstadt von Cannstatt und ganz rechts oben das Wasen-Gelände. Von Cannstatt aus zieht sich etwa waagrecht der Neckar durchs Bild. Er wird von jungen Bäumen gesäumt, die hier nur als Punkte erscheinen. Links überspannt bei den rauchenden Schloten der König-Wilhelm-Viadukt den Fluß, der 1896 für die Eisenbahn errichtet worden war. 1987/88 hat man ihn durch eine Betonbrücke ersetzt.

Die Wirtschaft im Burgholzhof, um 1900.

Cannstatt, von Nordwesten gesehen, um 1924

Keltische Ursprünge

Die Abbildung zeigt deutlich die topographische Lage und die bauliche Entwicklung Cannstatts. Jenseits des Flusses erkennt man die mittelalterliche Altstadt mit den Giebelhäusern um die Stadtkirche und das Rathaus. Daran links oberhalb anschließend liegen die Stadterweiterung des 19. Jahrhunderts sowie am linken Bildrand das Kurviertel mit den Kuranlagen. Weiter im Hintergrund bemerkt man schließlich vereinzelte Häuser und Wohnblocks aus den ersten Jahrzehnten unseres Jahrhunderts, ganz rechts dagegen den Bahnhof und Industrieanlagen.

Im Vordergrund, diesseits des Neckars, sieht man die Neckarvorstadt, die aus dem einstigen Ort Brie beziehungsweise Brey hervorgegangen ist. Dieser alte Name geht auf keltische Ursprünge zurück und bedeutet soviel wie »Brücke«. Auch in »Cannstatt« soll ein keltischer Begriff stecken, so daß ungewiß ist, welche der beiden Siedlungen zuerst entstanden sind. In Brie wie in Cannstatt gab es im Mittelalter Turmhügelburgen, die von Ortsadeligen bewohnt wurden. Nach ihrer Zerstörung durch Rudolf von Habsburg 1287 errichtete man auf den Grundmauern einfache Wohnhäuser.

Bis ins 19. Jahrhundert hinein gab es diesseits des Neckars im alten Brie nur ein paar Häuser entlang der Fernhandelsstraße über die Altenburg nach Nordwesten. Neben einigen Fachwerkhäusern ist vor allem noch das massive Steinhaus Brückenstraße 9 aus dem 16. Jahrhundert erhalten. Damals hatte diese Siedlung nur noch die Funktion eines Brückenkopfes; erst im 19. Jahrhundert wurde sie in größerem Stil zur Neckarvorstadt ausgebaut. Zu jener Zeit baute König Wilhelm I. auch das rechts unten sichtbare Wilhelma-Theater mit dem dazugehörigen weitläufigen Schloß im maurischen Stil.

Das Ortsbild der Altstadt am Neckar hat sich in den letzten sechzig Jahren tiefgreifend verändert. Zwar überragt noch immer der Turm der Stadtkirche die zahlreichen Giebelhäuser, die Flußlandschaft jedoch stört heute den einst behaglichen Eindruck. Die früher flachen Uferbereiche sind nun senkrechten Betonmauern gewichen, vor allem aber der strenge Charakter der neuen Wilhelmsbrücke und das Fehlen des Wehrs haben das Bild verändert. Nur noch Nürtingen hat die alte Situation bewahrt, so daß man dort einen Eindruck vom Aussehen der Cannstatter Gegend vor 1929 gewinnen kann.

Blick vom Stadtkirchenturm zum kanalisierten Neckar mit der neuen Rosensteinbrücke (links) und der neuen Wilhelmsbrücke (rechts) im Jahre 1931.

Cannstatt mit Neckarvorstadt und Wilhelma, um 1924

»Vorzüglicher Schmuck des Flusses«

Als diese Aufnahme gemacht wurde, befand sich das Flugzeug wohl über dem Rosenstein. Der Betrachter blickt neckarabwärts auf Cannstatt. Rechts liegt die Altstadt mit der Stadtkirche, links erkennt man im Vordergrund die Gewächshäuser der Wilhelma und hinter dem Parkgelände die Neckarvorstadt. Noch weiter im Hintergrund kann man das Kraftwerk und den König-Wilhelm-Viadukt sehen.

Die Wilhelmsbrücke über den Neckar, die beide Cannstatter Stadtteile miteinander verbindet, geht auf älteste Spuren zurück. Wohl schon die Römer hatten an dieser Stelle eine Brücke errichtet, da von ihrem unmittelbar außerhalb des linken Bildrandes auf der Altenburg gelegenen Kastell zwei Straßen in Richtung Osten ausgingen. Die Furt im Neckar muß jedoch noch wesentlich früher ein häufig begangener Flußübergang gewesen sein.

Wann im Mittelalter eine neue Brücke erbaut wurde, kann nicht mehr nachgewiesen werden. Bis in die dreißiger Jahre des vergangenen Jahrhunderts hinein hatte sie zwei hölzerne und sieben steinerne Pfeiler. Damals war ihre Baufälligkeit jedoch so groß, daß dringend ein Neubau in Angriff genommen werden mußte. Die Baumeister Etzel und Thouret entwarfen die Pläne, nach denen zwischen 1835 und 1838 eine neue Brücke errichtet wurde. Nach dem damaligen württembergischen König, der ein besonderer Gönner Cannstatts war, wurde sie fortan Wilhelmsbrücke genannt.

Die fünf Bogen des 133 Meter langen Bauwerks ruhten auf vier kräftigen Steinpfeilern und machten einen eleganten Eindruck. Zeitgenossen hielten sie für die schönste und dauerhafteste Brücke des Landes und nannten sie »ein Meisterwerk der Architektur und als solches ein vorzüglicher Schmuck des Flusses«. Die Trauer der Cannstatter war groß, als die Wilhelmsbrücke am 12. Oktober 1929 für den Bau des Neckarkanals gesprengt wurde. Zwar trat sofort eine neue, stützenlose Stahlkonstruktion an ihre Stelle, der städtisch-bürgerliche Eindruck des alten Bauwerks wurde vom neuen jedoch nicht mehr erreicht. Auch hatte die Wilhelmsbrücke ihre Funktion als Hauptverbindung über den Neckar längst eingebüßt, denn mit der Einweihung der König-Karls-Brücke 1893 war die Entfernung von Stuttgart nach Cannstatt wesentlich verkürzt worden. Als nun unmittelbar neben dem alten Flußübergang auch noch die Rosensteinbrücke gebaut wurde, sank die Wilhelmsbrücke endgültig zur nur örtlichen Verkehrsverbindung herab. Die Stahlbrücke ist am 21. April 1945 ebenfalls gesprengt worden, ihre Stahlsegmente konnten jedoch später gehoben und in wesentlichen Teilen wiederverwendet werden, so daß sich die Wilhelmsbrücke noch heute in derselben Gestalt wie 1929 darstellt.

Die Wilhelmsbrücke und das Neckarwehr 1927, vor der Kanalisierung des Flusses.

Blick von Cannstatt neckaraufwärts, um 1924

Am vorletzten Kriegstag gesprengt

Von einer Position über der Wilhelma blickt der Betrachter neckaraufwärts. Der Fluß war damals noch nicht gebändigt und schiffbar gemacht. Man »vermißt« daher auch die Schleusenanlagen und die Ufermauern aus Beton.

Links sieht man einen Teil von Cannstatt mit dem Bahnhof und dahinter das riesige Wasengelände in der ehemaligen Flußaue. Ganz hinten liegt schließlich Untertürkheim.

In der rechten Bildhälfte erkennt man zunächst die Neckartalstraße, in der Mitte den Stadtteil Berg sowie weiter hinten bei den Gaskesseln Gaisburg und dann Wangen.

Die viergleisige Eisenbahnbrücke mit den teils weiten, teils engen Bögen überspannt den Neckar seit 1913, nachdem die alte Brücke von 1846 mit nur zwei Gleisen dem vermehrten Bedarf nicht mehr hatte gerecht werden können. Sie wurde im Zweiten Weltkrieg zerstört und bis 1948 annähernd in den alten Formen wiederaufgebaut. Kurz vor Weihnachten 1948 war die Brücke wieder in beiden Richtungen befahrbar.

Dahinter erkennt man zwischen Bäumen einen Bogen der König-Karls-Brücke. Sie war am 27. September 1893 eingeweiht worden, wodurch der lange gehegte Wunsch nach einer Direktverbindung von Stuttgart nach Cannstatt seine Erfüllung fand. Die Obelisken an den beiden Enden und die Standbilder auf hohen Sockeln sowie die kunstvollen Eisengeländer machten die König-Karls-Brücke, für die es kein technisches Vorbild gab, zu einem beispielhaften repräsentativen Bauwerk der Wilhelminischen Zeit. Über fünfzig Jahre tat sie ihren Dienst, bis am vorletzten Kriegstag (21. April 1945) ihr und den meisten anderen Neckarbrücken durch Sprengkommandos ein Ende bereitet wurde.

Erst sechzehn Monate später stellte eine hölzerene Behelfsbrücke die unterbrochene Verbindung wieder her. Auch Straßenbahnen konnten auf ihre verkehren.

Genau 56 Jahre nach der Einweihung der alten Brücke durchschnitt der damalige Oberbürgermeister Arnulf Klett das Band zur Eröffnung des Neubaus. Alle Verantwortlichen waren stolz auf die rasche Wiederaufbauleistung und glaubten, für Jahrhunderte gebaut zu haben. Aber schon 1977 wurde die dritte Brücke an dieser Stelle dem Verkehr übergeben, da die bisherige den neuen Verkehrsanforderungen auf Dauer nicht mehr gewachsen gewesen wäre.

Den Bootsanlegeplatz unter der König-Karls-Brücke sucht man heute vergebens.

Das Gaisburger Wehr und der Cannstatter Wasen, um 1924

Verlorene Idylle

Auf den ersten Blick glaubt man sich nicht in der Stuttgarter Gegend zu befinden. Erst die weite Grasfläche im Hintergrund hat entfernt Ähnlichkeit mit dem Wasengelände ...

Tatsächlich ist das verspielte Gewässer der Neckar vor seiner Regulierung. Das sichtbare Wehr lag einst beim heutigen Reitturnierplatz in der Höhe der Gaskessel. An dem Brückenhäuschen am unteren Bildrand zweigte der Mühlkanal ab, der den Berger Mühlen Wasser zuführte.

Noch im 19. Jahrhundert war der Neckar kein Fluß im eigentlichen Sinne, sondern ein Bündel von unterschiedlichen und sich spätestens beim nächsten Hochwasser wieder verändernden Flußarmen. Besonders diese oft verheerenden Hochwasserkatastrophen waren neben der Nutzbarmachung als Wasserstraße der Hauptgrund für die Kanalisierung des Neckars.

Schon die Römer hatten den Fluß mit Kähnen befahren, und wir wissen von einer regelmäßigen Schiffsverbindung von Cannstatt nach Heilbronn seit 1480. Da Hindernisse wie zum Beispiel Untiefen den Verkehr gefährdeten, planten schon die Herzöge Christoph und Friedrich von Württemberg Maßnahmen zur Schiffbarmachung für größere Transportboote. Die veranschlagten Kosten wären jedoch so astronomisch hoch gewesen, daß das Projekt unausgeführt blieb.

Trotzdem hat mit der Zeit der Warenverkehr immer mehr zugenommen. Allein im Jahre 1841 waren knapp 700 Kähne, von denen jeder etwa 15 Tonnen an Gütern geladen hatte, von Cannstatt neckarabwärts gefahren. Die Eisenbahn mit ihrem größeren Transportvolumen machte jedoch den Schiffen zunehmend Konkurrenz, so daß gegen Ende des Jahrhunderts die Stimmen für einen Ausbau des Flusses lauter wurden. Schließlich entschloß sich Ende 1916 Robert Bosch dazu, seinen gesamten Kriegsgewinn zur Kanalisierung des Neckars zur Verfügung zu stellen, der am Ende etwa 13 Millionen Mark betragen hat.

Ein erster Spatenstich erfolgte am 21. Dezember 1918; es sollte allerdings noch acht Jahre dauern, bis der Flußabschnitt zwischen Untertürkheim und Münster endgültig in Angriff genommen wurde. Im allgemeinen sollte das neue Bett 60 Meter breit werden, nur an den Wehren waren 90 Meter vorgesehen. Bis 1929 wurde die Staustufe unterhalb der König-Karls-Brükke vollendet, zwei Jahre später war das ganze Werk fertig. Damit waren alle romantischen Uferauen verschwunden, was in den zeitgenössischen Berichten ausdrücklich und nachhaltig bedauert wurde.

Nach dem Zweiten Weltkrieg erfuhr der Wasserlauf erneut eine Veränderung, denn mit der Einrichtung des Stuttgarter Hafens mußten neben den Staustufen Schiffsschleusen erbaut und die Uferbereiche teilweise neu begrenzt werden. Erst jetzt war der Neckar bis Stuttgart für Binnenschiffe befahrbar.

Blick über den Neckar auf den Gaskessel und die Raitelsbergsiedlung, um 1927.

Die Cannstatter Altstadt, um 1938

Vom Bad zum Krankenhaus

Fast der gesamte mittelalterliche Altstadt-Bereich Cannstatts ist auf der Abbildung sichtbar. Ganz links oben erkennt man ein kurzes Stück des damals bereits kanalisierten Neckars. In der Mitte des Bildes liegt die Stadtkirche mit dem Rathaus und dem eigentümlichen Marktplatz, dessen Erscheinungsbild so ganz und gar nicht den sonst in Württemberg üblichen Marktplätzen entspricht. Statt eines städtebaulichen Ensembles in Form eines repräsentativen Handelsmittelpunkts hat der Cannstatter Marktplatz eher bescheidenen Hinterhofcharakter. Eindruck machen dagegen die fast durchweg mit Giebelhäusern bestandenen Hauptstraßen, die einst von der Stadtkirche zu den drei Toren führten. Diese Durchgänge durch die Stadtbefestigung lagen an der Wilhelmsbrücke, beim Wilhelmsplatz und an der Schmidener Straße.

Der mittelalterliche Rahmen wurde erst im Laufe des 19. Jahrhunderts endgültig gesprengt. Motor dieser Entwicklung war vor allem der plötzlich aufgekommene und unter König Wilhelm I. nachhaltig geförderte Badebetrieb.

Der Cannstatter Marktplatz mit Rathaus und Stadtkirche im Jahr 1927.

Nach dem Brand eines alten, längst unzulänglichen Badehauses im Jahr 1818 erbaute der damalige Besitzer der Anlagen, Karl Frösner, ein modernes Badgebäude mit 140 Zimmern und 30 Badekabinen. Beim Bau des Hauses wurden mehrere römische Badebecken mit Heizungssystem entdeckt, was eine lange Tradition an dieser Stelle beweist. Frösners Anwesen lag damals jenseits der Stadtmauer in offenem Gelände. Der vor der Mauer liegende »Badgraben« wurde 1835 zur heutigen Badstraße ausgebaut, die am unteren Bildrand leicht geschwungen zu sehen ist. An ihr erkennt man das Frösnersche Bad ganz unten in Gestalt des dreiflügeligen Gebäudes mit den Veranden. Es hieß später Hotel Herrmann und war weit über die Grenzen Cannstatts hinaus berühmt. Zugleich galt es als einer der Treffpunkte der Stuttgarter Gesellschaft. Heute gehört das Gebäude zum Rot-Kreuz-Krankenhaus.

Der Graben vor einem anderen Stadtmauerabschnitt im Nordosten wurde schon vier Jahre vor der Badstraße in Angriff genommen und zur Wilhelmstraße umgestaltet. Sie verläuft auf der Abbildung vom rechten Bildrand in einem sanften Bogen zum Neckar. Oberhalb sieht man die Bebauung zum Kursaal hin und einen kleinen Zipfel der Kursaalanlagen.

Auf den ersten Blick scheint Cannstatt sein Erscheinungsbild nicht verändert zu haben, dennoch haben der Zweite Weltkrieg und der Modernismus zahlreiche Wunden in die einst geschlossene Altstadt geschnitten. Sie steht heute als »städtebauliche Gesamtanlage« unter Denkmalschutz.

Sulzerrain mit Kursaal, um 1938

Heftig sprudelnde Quellen

Die Gegend des Kursaals lag lange Zeit weit außerhalb Cannstatts und hieß »Sulzerrain«. Mit »Sulz« bezeichnete man früher nasse Stellen, deren Wasser salzhaltig zu sein schien. 1597 und 1772/73 versuchte man in diesem Bereich nach Salz zu graben, aber ohne Erfolg. Statt dessen fand man heftig sprudelnde Quellen, die sogar ausreichten, um eine Ölmühle anzutreiben.

Wie schon an anderen Stellen in Cannstatt seit der Römerzeit das Quellwasser zu Bade- und Heilzwecken Verwendung gefunden hatte, so begannen nun auch hier am Sulzerrain bald erste Kurversuche. Karl Friedrich Sick aus Stuttgart hat durch das Wasser Erleichterung bei seinen Leiden erfahren, und aus Dankbarkeit darüber stiftete er 1814 eine größere Summe zur Einrichtung eines Kurparks. Sieben Jahre später ließ König Wilhelm I. von Württemberg die Anlagen um den Brunnen erweitern, und 1825 beauftragte er seinen Architekten Nikolaus Friedrich von Thouret mit dem Bau einer klassizistischen Trinkhalle, die er dann den Cannstattern schenkte. Zunächst war nur der säulengeschmückte Mittelteil zur Ausführung gekommen.

Zu jener Zeit war Cannstatt im wesentlichen noch immer auf seinen mittelalterlichen Grundriß beschränkt. Die neue Trinkhalle lag daher hinter einem Wiesengelände weit vor der Stadt.

Architektonisch aufwendige Häuser säumen die König-Karl-Straße. (Foto von 1909.)

Die Trinkhalle erfreute sich großen Zuspruchs, so daß bis 1842 ebenfalls durch Thouret die beiden Seitenflügel angebaut werden konnten. Das Reiterstandbild König Wilhelms I. vor dem Mittelteil ist ein Werk des Bildhauers Johannes Halbig. Es stand zwischen 1875 und 1881 auf dem Wilhelmsplatz und wurde erst danach auf den Königsplatz vor den Kursaal versetzt.

Der rechts an den Kursaal angebaute sogenannte Kleine Kursaal wurde zu Beginn unseres Jahrhunderts durch Albert Eitel als Erweiterungsbau errichtet. Links vom Kursaal steht das alte Stadtbad Cannstatt an der Sulzrainstraße.

Im Bereich der sich vom Kursaal bis über den unteren Bildrand hinausziehenden Kursaalanlagen werden die Überreste einer ehemaligen Burg vermutet. Da sie nur aus Gewannbezeichnungen bekannt ist und bisher keine Grabungen erfolgt sind, ist ihre genaue Lage bis heute ungewiß. Die Anlagen selbst waren früher durch eine zentrale Allee symmetrisch gegliedert sowie in kleinere eigenständige Bereiche unterteilt.

Unmittelbar an den Kursaalanlagen entlang verlaufen links die Paulinenstraße (heute Mergentheimer Straße) und rechts die Uhlandstraße (heute Wildbader Straße). Die Schmidener Straße tangiert links unten mit ihrem untersten Abschnitt das Bild. Die für den Kursaal wichtigste Straße ist nur in einem kleinen Stück rechts oben schräg ins Bild laufend zu sehen: die König-Karl-Straße. Sie beginnt am Wilhelmsplatz und verläuft als Sichtachse auf den Mittelteil des Kursaals zu. An ihr entstanden nach und nach repräsentative, villenartige Häuser, die noch heute die Atmosphäre des einstigen Badeviertels erahnen lassen.

Weißenhofsiedlung, 1938

Abriß verhindert

Das Gelände zwischen Weißenhof und Schönblick wurde Mitte der zwanziger Jahre als Bauplatz für ein neues, mustergültiges Wohngebiet ausgewiesen. Bis 1927 errichteten die damals führenden Architekten im Rahmen der Werkbundausstellung »Die Wohnung« begehbare Musterhäuser, die später zu allgemeinen Wohnzwecken zur Verfügung stehen sollten. Es entstand so eine Siedlung, die auf einmalige Art die zukunftsweisende Baugesinnung jener Zeit wiederspiegelte. Sie gilt heute als eines der bedeutendsten Architekturdenkmale des 20. Jahrhunderts.

Von den Nationalsozialisten als »entartete Kunst« abqualifiziert, wurde die Weißenhofsiedlung 1938 geräumt. Sie sollte abgerissen werden; an ihrer Stelle wollte man einen weithin sichtbaren Baukomplex für das Generalkommando der Wehrmacht aus dem Boden stampfen. Der Krieg verhinderte diese Art der Zerstörung, brachte schließlich aber doch schmerzliche Verluste durch Brandbomben. Von den insgesamt 33 Einzelgebäuden sind zwölf nicht mehr in der alten Form wiedererstanden. Im Zusammenhang mit dem Wiederaufbau auch an anderen Häusern vorgenommene Veränderungen konnten in den letzten Jahren nach den Originalplänen beseitigt werden, so daß eine ganze Reihe von Gebäuden nun wieder ihre ursprüngliche Form aufweist.

Unmittelbar neben der Weißenhofsiedlung entstand bis 1928 ein neues Schönblick-Restaurant als Teil eines größeren Wohnblocks, dessen achtgeschossiger Turm besonders charakteristisch ist. Der benachbarte alte »Schönblick« war gegen Ende des 19. Jahrhunderts als Ausflugslokal gegründet worden. Er wurde 1937 von der Stadt aufgekauft und darin ein sogenanntes Rückwandererheim für »Deutsche, die in der Fremde in Not geraten sind« eingerichtet. Nachdem zu diesem Zweck ein Neubau errichtet worden war, diente das alte Haus seit 1940 als Wohnheim für alleinstehende Frauen. Nach dem Krieg wurde es abgerissen und an seiner Stelle moderne Wohnhäuser gebaut.

Links: Der neue und der alte »Schönblick«, 1938. – Rechts: Die Weißenhofsiedlung im Ausstellungsjahr 1927.

Kochenhof und »Rote Wand« beim Killesberg, um 1929

Die langsame Verstädterung

Nachdem im Laufe des 18. Jahrhunderts die landwirtschaftliche Anbaufläche im Stuttgarter Tal durch neue Gebäude zunehmend kleiner geworden war, wurden auch bisher öde Heideplätze auf den Höhen um die Stadt als Anbaugebiete ausgewiesen und verkauft. In diesem Zusammenhang erfolgte ab 1777 die Kultivierung der Feuerbacher Heide. Als erster pflanzte der Stuttgarter Polizeiobersekretär Hehl auf einer größeren Fläche Obstbäume, später auch Gemüse und Blumen. Zeitweilig war hier die erste und einzige Hopfenpflanzung auf Stuttgarter Stadtgebiet.

Um 1800 besuchte der zu jener Zeit berühmte Philosophieprofessor und Historiker Christoph Meiners (1747–1810) die Feuerbacher Heide und war von der Idylle und Pracht der Gartenanlagen sehr angetan. In seinem Reisebericht gibt er eine Begründung für die Beliebtheit des hier oben angebauten Gemüses: »Das Obst und Gemüse aus diesem Berggarten soll schmackhafter als aus den Gärten um Stuttgart sein, weil es mehr Sonne und Luft als in dem engen Tale der Hauptstadt genießt.«

Vor der Einrichtung der Gartenbaubetriebe war das Heideland nur zur Gewinnung von Bausteinen interessant gewesen, denn im Untergrund liegt unter lockeren Mergelschichten der beliebte Baustoff Schilfsandstein. Mit den hier oben gebrochenen Steinen wurden unter anderem das Neue Schloß und Teile der ehemaligen Hohen Carlsschule gebaut. Nach 1800 kam den Steinbrüchen nicht mehr die bisherige Bedeutung zu; trotzdem waren einzelne von ihnen noch bis ins 20. Jahrhundert hinein in Betrieb. Der Abbau hörte endgültig auf, als das ganze Gelände bis 1939 für die Reichsgartenschau zum Killesberg-Park umgestaltet wurde.

Auf der Abbildung sieht man als markante Geländestufe die »Rote Wand«. Sie liegt heute gegenüber der Busendhaltestelle »Killesberg« hinter den Parkplätzen. Davor steht der Kochenhof – damals ein Ausflugslokal –, nach dem die inzwischen vierspurig ausgebaute Straße ihren Namen hat. Er wurde im Rahmen der Vorbereitungen zur Reichsgartenschau abgerissen, nach dem Zweiten Weltkrieg stand dort lange Zeit eine Tankstelle.

Sandsteinbruch auf dem Killesberg.

Auf dem Gelände rechts unten entstand 1933 die Kochenhofsiedlung als Antwort bodenständiger Architekten auf die avantgardistische Weißenhofsiedlung. Da es sich um eine Demonstrativsiedlung unter dem Motto »Das Stadthaus aus Holz« handelte, wurde das Viertel als »Holzwurmsiedlung« verspottet.

Oberhalb der Roten Wand sieht man den »Mühlbachhof«, der ursprünglich zu Beginn des 19. Jahrhunderts gebaut worden ist. Ein Sohn des Stuttgarter Gastwirts Ludwig Friedrich Mühlbach fühlte sich hier oben wohler als in der Altstadt und übersiedelte auf die Feuerbacher Heide. Nach dem Tode des Vaters zog auch seine Mutter herauf und gründete neben dem Gutshof einen Wein- und Bierausschank. Später war das Anwesen in der Hand verschiedener Besitzer. Seit 1929 befand sich in einem Gebäude das Jugendheim der katholischen Fidelis- und Nikolaus-Gemeinden. In der Nachkriegszeit wurde hier die Mühlbachhof-Schule errichtet und die Umgebung zu Tennis-Anlagen umgestaltet. Auf der Abbildung erkennt man vor dem Mühlbachhof bereits einen ersten Tennisplatz.

Ganz rechts oben sieht man die Villa Porsche am Feuerbacher Weg, im Hintergrund den Kriegsberg und Teile der Innenstadt.

Neuwirtshaus, 1935; Zuffenhausen, um 1940

Bauten der dreißiger Jahre

Zum Luftbild unten: Die Siedlung Neuwirtshaus ist in den Jahren 1934/35 unmittelbar an der Stuttgarter Gemarkungsgrenze als sogenannte Nebenerwerbssiedlung entstanden. Jedes der mehr als 150 Einfamilienhäuser wurde mit entsprechend großer Gartenfläche ausgestattet, damit neben dem eigentlichen Beruf noch Gemüseanbau und Kleintierhaltung möglich waren. Das namensgebende »Neuwirtshaus« ist am oberen Ende der Siedlung in Gestalt der älteren Gebäudegruppe zu sehen. Um 1600 entstanden, wurde der Hof 1737 vom Staat erworben und seitdem als Domäne bewirtschaftet.

In jüngster Zeit war in dem Barockbau ein Restaurant untergebracht. Da es nach einem Brand baufällig wurde, soll es demnächst abgerissen und durch einen maßstabsgetreuen Neubau ersetzt werden.

Am unteren Bildrand verläuft die Nordseestraße; die vom rechten Bildrand zum Neuwirtshaus führende Straße ist die Schwieberdinger Straße.

Zum Luftbild rechts: Die Hohenstein-Schule im Vordergrund ist 1930 nach den Plänen Paul Schmitthenners in der damals noch selbständigen Stadt Zuffenhausen entstanden. Die Eingemeindung nach Stuttgart erfolgte zwei Jahre später. Die Straßen um das im Stil der Neuen Sachlichkeit errichtete Schulgebäude erhielten zwischen 1933 und 1938 ihre an germanische Stämme erinnernden Namen.

Der Ortskern Zuffenhausens liegt in der Mitte des Bildes um die markant ins Auge fallende evangelische Pauluskirche. Im Hintergrund links jenseits der Felder erkennt man Kornwestheim.

Botnang, um 1930; Siedlung »Friedenau« und Degerloch, um 1940

Straßenbahn vor der Haustür

Zum Luftbild unten: Ganz oben links im Metzgerbachtal erkennt man entlang der Straße nach Stuttgart (heute Beethovenstraße) die Kolonie »Westheim«.

In der Mitte des Bildes sieht man die heutige Franz-Schubert-Schule. Unmittelbar davor queren nun die Straßenbahntrasse und die Regerstraße das Bild von rechts nach links. Bis auf geringe Ausnahmen ist jetzt der gesamte Bildausschnitt bebaut. Im Vordergrund links steht nun die Laihle-Siedlung.

Zum Luftbild rechts: Die Wohnblöcke der Straßenbahner-Siedlung »Friedenau« standen in den dreißiger und vierziger Jahren noch recht weit außerhalb von Degerloch. In unmittelbarer Umgebung lagen offene Felder und zum Ortszentrum hin Gärtnereien sowie – im wahrsten Sinne des Wortes »vor der Haustür« – das Straßenbahndepot am Degerlocher Westbahnhof. Man erkennt ihn als flaches Gebäude etwa in der Bildmitte vor dem Gasthaus »Zum Goldenen Bären«. Der Platz davor mit der Straßenkreuzung ist der alte Albplatz.

Untertürkheim, um 1930; Obertürkheim, um 1928

Nur auf den ersten Blick wenig Veränderungen

Zum Luftbild unten: Auf der Abbildung ist der Neckar bereits kanalisiert. Die Gebäudegruppe in der Mitte zwischen Neckar und neuer Eisenbahntrasse gehört zu Untertürkheim und ist um die Jahrhundertwende im Zusammenhang mit der nur knapp außerhalb des linken Bildrandes liegenden Lindenschule entstanden. Sie genießt seit kurzem als »Städtebauliche Gesamtanlage« besonderen Schutz. Die von Gärtnereien kultivierte Aue ist heute von Industrieanlagen und Sportplätzen überbaut.

Zum Luftbild rechts: Das Ortsbild Obertürkheims im Hintergrund der Abbildung hat sich – zumindest von Ferne gesehen – in den letzten fünfzig Jahren nur wenig verändert. An markanten Bauten fallen von links nach rechts das Rathaus, das Schulgebäude mit dem Glockentürmchen und der Bahnhof auf.

Dort, wo einst die alte Brücke den Neckar überquerte, beginnen heute die Otto-Hirsch-Brücken, die in einem Zuge das Tal von der einen zur anderen Seite durchqueren.

Register

Albplatz 114
Alleenplatz 50
Altenburg 42, 94, 98
Alte Weinsteige 82
Alter Postplatz 30, 60
Altes Schloß 10, 12, 20, 22, 24, 86
Auerbachstraße 94

Badstraße 104
Bahnhöfe
– Alter Hauptbahnhof 38, 40, 60
– Neuer Hauptbahnhof 10, 36, 38, 42, 44, 86
– Bahnhof Cannstatt 96, 100
– Westbahnhof 76
Bahnhofsplatz (heute Arnulf-Klett-Platz) 36
Baugewerkschule 50
Beethovenstraße 114
Berg (Stadtteil) 100
Bihlplatz 78
Bismarckplatz 68
Bismarckstraße 68
Böblinger Straße 76
Böheimstraße 80
Bohnenviertel 12
Bolzstraße (früher Schloßstraße) 30, 38, 42
Bonatz, Paul 44
Bosch, Robert 92, 102
Botnang 68, 70
Breuninger-Hochhaus 10, 12, 14, 86
Brie (bei Cannstatt) 96
Brücken
– König-Karls-Brücke 98, 100, 102
– König-Wilhelm-Viadukt 94, 98
– Otto-Hirsch-Brücken 116
– Rosensteinbrücke 96, 98
– Wilhelmsbrücke 96, 98, 104
Brückenstraße 96
Burgholzhof 94

Calwer Straße 56, 60
Cannstatt 42, 94, 96, 98, 104
– Marktplatz 104
– Rathaus 96, 104
– Stadtkirche 96, 98, 104
Cannstatter Straße 24
Carl Alexander, Hzg. v. Württ. 72
Carl Eugen, Hzg. v. Württ. 22, 24, 32
Carl Friedrich, Hzg. v. Württ.-Oels 32
Charlottenplatz 18, 26, 86
Christoph, Hzg. v. Württ. 102

Daiber, Albert 90
Dannecker, Johann Heinrich 24
Darmstädter Straße 94
Degerloch 82, 114
– Siedlung Friedenau 114
Dillmann-Gymnasium 52
Dollinger, Carl 52
Dominikanerkloster 52, 58 (s. a. Hospitalkirche)
Donndorf, Karl 32

Eberhard d. Milde, Graf v. Württ. 10
Eberhard im Bart, Graf/Hzg. v. Württ. 56
Eberhard-Ludwigs-Gymnasium 52
Eberhardskirche 36, 68, 84
Eberhardstraße 10, 62, 64
Eckensee 26
Egle, Josef 54, 84
Eiernest 78
Eitel, Albert 106
Elisabethenkirche 68
Elisabethenstraße 68
Elsässer, Martin 90
Enge Straße 20
Esslinger Straße 86
Etzel, Gottlieb Christian Eberhard 98

Feinstraße 84
Feuerbacher Heide 110
Feuersee 68, 70
Fischer, Reinhard Ferdinand Heinrich 32, 36
Fischer, Theodor 82
Forststraße 52
Friedrich I., Hzg. v. Württ. 20, 102
Friedrich I., Kg. v. Württ. 36, 46, 84
Friedrich-Wertz-Weg 76
Friedrichsplatz 42, 46
Friedrichstraße 30, 36, 38, 40, 46
Frösner, Karl 104
Fruchtkasten 20
Fürstenstraße 30
Furtbach 84
Furtbachhaus 84

Gaab, Ludwig 30
Gabelkhover, Johann Jakob 20
Gablenberg 92
Gänsepeterbrunnen 76
Gaisburg 48, 100
Gardekaserne 52
Garnisonskirche 48, 52, 54
Geißplatz 62, 64
Geißstraße 16
Gewerbehalle 48, 50, 52
Gewerkschaftshaus 54
Graf-Eberhard-Bau 74
Großes Haus 26, 32, 34, 44, 86
Gutenbergstraße 70

Hackländer, Friedrich Wilhelm 92
Haigst 78, 82
Halbig, Johannes 106
Hallschlag 94
Hasenberg 76, 82
Hasenbergsteige 76
Hauptbahnhof siehe Bahnhöfe
Hauptstaatsarchiv 26
Hauptstätter Straße 10, 12, 64, 86
Hegelhaus 64
Hegelplatz 40, 48, 50
Heilbronner Straße 42
Hengerer, Karl 62
Herdweg 52
Herzogstraße 74
Heslach 76, 78
Hindenburgbau 44, 46
Hirschgassenbrand 16, 60
Hirschstraße 16
Hofdienergebäude 54
Hofküchengarten 66, 74
Hohe Carlsschule 24, 26, 28, 32, 86, 110
Hohentwielstraße 76
Holzgarten 22
Holzgartenstraße 22, 50, 52
Holzstraße 86

Hoppenlaufriedhof 48, 52
Horten-Parkhaus 62
Hospitalkirche 20, 52, 56, 58
Hotel Graf Zeppelin 44
Humboldtstraße 82

Interimstheater 34
Interimstheaterplatz 32

Jassoy, Heinrich 18
Jean Paul 46
Johanneskirche 68, 70
Justizgebäude 26

Kaltental (Burg) 72
Kammertheater 88
Kanzleistraße 30, 52, 56
Karl, Kg. v. Württ. 30, 78, 82
Karlsgymnasium 84
Karlshöhe 68, 82 (s. a. Reinsburg)
Karlsplatz 22, 24, 26, 28
Karlstraße 14
Katharinenhospital 48, 50
Kelter, Kleine herrschaftliche 20
Keplerstraße 38, 46, 48
Killesberg 50, 110
Kirchen
– Eberhardskirche 36, 68, 84
– Elisabethenkirche 68
– Garnisonskirche 48, 52, 54
– Hospitalkirche 20, 52, 56, 58
– Johanneskirche 68, 70
– Leonhardskirche 10, 64, 74
– Marienkirche 68, 84
– Matthäuskirche 78
– Pauluskirche 68
– Pauluskirche Zuffenhausen 112
– Schloßkirche 22
– Stadtkirche Cannstatt 96, 98, 104
– Stiftskirche 10, 12, 20, 56
Kirchstraße 12, 20
Kleiner Schloßplatz 24, 30
Kleines Haus 26, 32, 34
Klett, Arnulf 100
Knapp, Johann Michael 30
Knosp, Sophie 82
Kochenhof 110
König-Karls-Brücke 98, 100, 102
König-Karl-Straße 106
Königsbau 30, 86
Königsplatz 106

Königstor 36
Königstraße 10, 20, 30, 36, 46, 58, 60, 74, 84
Konrad-Adenauer-Straße 26, 32, 86
Kräherwald 68
Kriegsberg 42, 46
Kriegsbergstraße 48
Kronenstraße 40
Kronprinzenpalais 24, 30
Kronprinzstraße 26, 56, 58, 60
Küferstraße 16
Kunstgebäude 28, 34, 36
Kurpark 106
Kursaal 104, 106
Kurze Straße 84

Laihle-Siedlung 114
Landesbibliothek 26, 32
Landesgewerbemuseum 46, 52, 54
Landhausstraße 88
Landtag 26, 28, 32, 58, 84
Lautenschlagerstraße 40, 44
Leins, Christian 30, 70
Lenau, Nikolaus 46
Leonhardskirche 10, 64, 74
Leonhardsplatz 12, 14
Liederhalle 22, 34, 48, 52, 70
Lindenmuseum 40, 48, 50
Lindenstraße 52
Littmann, Max 24, 34
Lorcher Straße 92
Ludwigstraße 70

Mannheimer Straße 94
Marienhospital 76, 80
Marienkirche 68, 84
Marienplatz 78, 82
Marienstraße 60, 66, 70
Markthalle 20
Marktplatz 12, 14, 16, 18
Marstall 36, 44
Matthäuskirche 78
Meiners, Christoph 110
Mendelsohn, Erich 62, 64
Mergentheimer Straße 106
Milchstraße 62
Mittnachtbau 58
Möhringer Straße 78
Mühlbach, Ludwig Friedrich 110
Mühlbachhof 110
Mühlkanal 102
Münster 102

Nadlerstraße 16
Nägele, Reinhold 14
Neckar 96, 98, 100, 102, 116
Neckarstraße 26, 32, 42, 86
(s. a. Konrad-Adenauer-Straße)
Neckartalstraße 100
Neckelmann, Skjöld 54
Nesenbach 10, 76, 78, 82, 84
Neue Brücke 16
Neue Kanzlei 58
Neues Schloß 24, 26, 28, 32, 86, 110
Neuwirtshaus 112
Nordseestraße 112
Nürnberger Straße 92

Oberpostdirektion 40, 44
Obertürkheim 116
Österreichischer Platz 74, 84
Osswald, F. Otto 62

Pantle, Oskar 78
Paulinerstraße 56, 74, 84
Pauluskirche 68
Paulusstraße 68
Pfeiffer, Eduard 16, 62
Planie 24, 30, 86
Postdörfle 42
Prinzenbau 20

Raitelsberg 90, 102
Rathaus 16, 18, 56, 60, 74, 86
Rebenreute 76
Regerstraße 114
Reinhardt, Robert 80
Reinsburg 66, 78, 82
Reithaus 32, 34
Remstaler Straße 92
Robinson Barracks 94
Rötestraße 68
Rosengarten 24, 26, 28
Rosenstein (Schloß) 24
Rosensteinbrücke 96, 98
Rote Straße 56, 60
Rotebühlbau 74
Rotebühlkaserne 60, 66, 70, 72, 74
Rotebühlplatz 74
Rotebühlstraße 60, 70, 74
Rotebühltor 60, 70, 74
Rudolf v. Habsburg, dt. König 90, 96

Salucci, Giovanni 34

Schickhardt, Heinrich 20
Schiller, Friedrich 66, 86
Schiller, Johann Caspar 66
Schillerplatz 20, 30
Schillerstraße 10, 42
Schlachthof 48
Schloßgarten 26, 32, 34, 42
Schloßgartenhotel 36
Schloßgartenstraße 34
Schloßkirche 22
Schloßplatz 24, 28, 30, 38
Schloßstraße 30, 38, 40, 42, 54, 56, 60, 70
Schmidener Straße 104, 106
Schmitthenner, Paul 22, 26, 94, 112
Schmohl, Hans Paul 44
Schocken-Bau 14, 62, 64, 74
Schönblick 108
Schreiberstraße 78
Schulen
– Baugewerkschule 50
– Dillmann-Gymnasium 52
– Eberhard-Ludwigs-Gymnasium 52
– Franz-Schubert-Schule 114
– Hohe Carlsschule 24, 26, 28, 32, 86, 110
– Hohenstein-Schule 112
– Karlsgymnasium 84
– Lindenschule 116
– Wagenburgschule 90
Schwabenzentrum 12
Schwabtunnel 82
Schwieberdinger Straße 112
Sick, Karl Friedrich 106
Siegle, Gustav 82
Silberburg 66, 82
Silberburgstraße 52, 60, 66, 70, 80
Skagerrakplatz 48, 52
Sommerrain 92
Sophienstraße 74
Sparrhärmlingweg 94
Staatsgalerie 34, 42, 88
Stadtgarten 46, 48, 50, 70
Stadtmauer 10, 20, 22, 54, 66, 70, 74, 84, 104
Stauffenbergstraße 34
Steigfriedhof 94
Stephanstraße 40
Stiftskeller 58
Stiftskirche 10, 12, 20, 56
Stuthaus 20
Sulzerrain 106

Tagblatt-Turm 10, 62, 74
Theatersee 24, 28, 34
Theodor-Heuss-Straße 56, 60, 74 (s. a. Rote Straße)
Thouret, Nikolaus Friedrich 24, 30, 36, 48, 86, 98, 106
Thouretstraße 40
Torstraße 10, 64
Tritschler, Alexander 30
Tübinger Straße 84
Tunzhofen 42
Tunzhofer Straße 42

Uhland, Ludwig 46
Uhlandshöhe 90
Ulrich d. Vielgeliebte, Graf v. Württ. 56
Untertürkheim 100, 102, 116
Urbansplatz 88
Urbanstraße 88

Villen
– Gemmingen 82
– Harpprecht 80
– Hauff 90
– Porsche 110
– Schönlein 88
– Zorn 66
Vogelsangbach 70
Vogelsangstraße 68
Vollmer, Johannes 18

Wagenburgschule 90
Wagenburgtunnel 20, 88
Waisenhaus 18, 22, 86
Wangen 100
Wasen 100, 102
Weimarstraße 48, 56
Weißenhofsiedlung 108, 110
Westbahnhof 76
Westheim 114
Wildbader Straße 106
Wilhelm I., Kg. v. Württ. 34, 42, 46, 96, 104, 106
Wilhelm II., Kg. v. Württ. 26, 34, 38, 94, 98
Wilhelma 98, 100
Wilhelma-Theater 96
Wilhelmsbau 18, 60, 74
Wilhelmsbrücke 96, 98, 104
Wilhelmspalais 24, 26
Wilhelmsplatz 64, 104, 106
Wilhelmstraße 104
Wolff, A dolf 50, 78

Zahnradbahn 82
Zuffenhausen 82, 112
– Hohenstein-Schule 112
– Pauluskirche 112